LUFTFAHRT-LEHRBÜCHEREI

Band 5

Elektrische Flugzeugausrüstung

von

Dipl.-Ing. Bruno Klinker

Mit 188 Abbildungen

Zweite, verbesserte Auflage

1942

Verlag Walter de Gruyter & Co., Berlin

vormals G. J. Göschen'sche Verlagshandlung — J. Guttentag, Verlagsbuchhandlung

Georg Reimer — Karl J. Trübner — Veit & Comp.

Archiv-Nr. 5542
Druck: Dr. Emil Ebering, Berlin SW 68
Printed in Germany

Vorwort zur 1. und 2. Auflage

Das vorliegende Buch bezweckt in erster Linie, die an Entwicklung, Herstellung und Betrieb von Flugzeugen interessierten Kreise über die Bedeutung der Elektrotechnik für die Ausrüstung des heutigen Flugzeuges zu unterrichten und ihnen durch eingehende Schilderung der Betriebsverhältnisse die besonderen Anforderungen verständlich zu machen.

Eine vollständige Gerätebeschreibung zu bringen, war nicht geplant. Die Beispiele sind jedoch so gewählt, daß ein ausreichender Überblick verschafft wird. Das Buch ist allgemeinverständlich gehalten worden.

Weiterhin soll den anderen Fachkreisen der Elektrotechnik ein kurzer Einblick in die Besonderheiten der Luftfahrtgeräte-Entwicklung gegeben werden, um den Gedanken- und Erfahrungsaustausch zu fördern.

Die beiden ersten Auflagen erheben noch keinen Anspruch auf Vollständigkeit. Das vorliegende Bedürfnis erforderte eine rasche Herausgabe.

Den einzelnen Stellen des Reichsluftfahrtministeriums und der Industrie sei an dieser Stelle gedankt für die Bereitwilligkeit und Offenheit, mit der die Unterlagen zur Verfügung gestellt wurden.

B. Klinker, Dipl.-Ing.

Inhalt

I. Die Anwendung der Elektrizität im Flugzeug

Das Flugzeug ist in kurzer Zeit zu einem außerordentlich hochwertigen Gerät entwickelt worden. Wir fordern heute die sichere, bequeme und pünktliche Erreichung weit entfernter Ziele mit großer Nutzlast, in kurzer Zeit, unabhängig von Wind und Wetter, bei Tag und Nacht. Wir fordern ferner für das Kriegsflugzeug eine wirksame Bewaffnung.

An der Lösung der gestellten Aufgaben hat die Elektrotechnik einen bedeutsamen Anteil. Abgesehen von der elektrischen Zündeinrichtung, die ein fester Bestandteil des Otto-Motors ist, wird heute meistens das Triebwerk durch einen elektrischen Anlasser in Gang gesetzt. In weitem Umfange werden elektrische Geräte für Überwachung von Triebwerk und Fluglage verwendet. Einrichtungen der Selbststeuerung, teilweise in Verbindung damit Navigationsanlagen, werden größtenteils elektrisch betrieben. Nachrichtengeräte, Peilanlagen und Blindlandeeinrichtungen arbeiten selbstverständlich auf der Grundlage der drahtlosen Übertragung durch elektrische Wellen. Die Beleuchtung, Beheizung von Anzügen und Geräten, elektrische Antriebe für Fahrwerkseinzug, Klappenverstellungen, Pumpen usw., Bombenabwurf- und Zielgeräte vervollständigen den Rahmen, in dem die Elektrotechnik mit Erfolg angewendet wird. Es hat sich ergeben, daß durch die Umstellung mancher Einrichtungen auf Verwendung der Elektrizität erhebliche Gewichts- und Raumeinsparungen, bessere Fertigungsmöglichkeiten und Erleichterung der Wartung erzielt wurden.

Die Entwicklung der elektrischen Flugzeuggeräte hat sich im Anfang z. T. an den Kraftfahrzeugbau angelehnt. Es mußte eben notgedrungen zunächst das eingesetzt werden, was bereits bekannt und zum Teil schon vorhanden war. Bald stellte sich jedoch heraus, daß diese Geräte den Ansprüchen im Luftfahrzeug in keiner Weise gewachsen waren, und daß daher eine völlig neue Entwicklung eingeleitet werden mußte. Dies ist in erster Linie verursacht worden durch die ungewöhnlichen, sich z. T. entgegenstehenden Forderungen nach Sicherheit des Arbeitens — ein „Anhalten" in der Luft ist nun mal nicht möglich — geringstem Gewichts- und Raumaufwand, Erschütterungssicherheit, Korrosionsfestigkeit, Funk- und Kompaßstörfreiheit, Vereinheitlichung und leichter Wartung.

Der Verschleiß kann dagegen entsprechend der Lebensdauer des Flugzeuges sehr viel höher gehalten werden als bei anderen Anlagen. Es handelte sich also nicht allein um die Auffindung und Anwendung neuer Verfahren, sondern vorweg um die Schaffung neuer Grundlagen für die äußere Gestaltung der Geräte und damit um die Möglichkeit, die Elektrotechnik überhaupt nutzbringend im Flugzeug anwenden zu können.

Das Hauptmerkmal der elektrischen Anlagen im Flugzeug gegenüber anderen bekannten Anwendungsgebieten sind hohe Anforderungen an die Herstellung und an die Behandlung im Betrieb. Da das vorliegende Buch eine feste innere Einstellung zu diesen Anforderungen geben will, seien zunächst die Bedingungen, die der Flugbetrieb grundsätzlich stellt, kurz aufgezeigt. Sie sind durch den forschenden Ingenieur in mühevoller und z. T. wenig sichtbarer Kleinarbeit zusammengestellt und durch entsprechende Prüfungen im Laboratorium weitgehend nachgeahmt worden. Daraus sind dann die Richtlinien entstanden, nach denen heute alle elektrischen Geräte und Einzelteile einheitlich gebaut und geprüft werden.

II. Grundsätzliche Forderungen

A. Elektrische Beanspruchung

1. Bordnetzspannung

Zur Erzeugung der Bordenergie werden einer oder mehrere Gleichstromgeneratoren verwendet, denen ein Bleisammler parallel geschaltet ist. Die Betriebsspannung an der Sammelschiene ist durch die Daten des Sammlers gegeben. Bei einer Zellenzahl des Sammlers von 12 Zellen, d. h. bei einer Nennspannung von 24 V, ist eine Ladespannung von 29 V erforderlich, um den Sammler in einer so kurzen Zeit, wie es der Flugbetrieb fordert (längstens eine Stunde nach Ganzentladung), wieder aufzuladen. Nach Ausschaltung des Generators übernimmt der Sammler die Stromversorgung allein, so daß unter Berücksichtigung des inneren Spannungsabfalles des Sammlers mit einer Sammelschienenspannung von 22 V für diesen Betriebszustand gerechnet werden kann. Es ergibt sich also im Flugbetrieb (Reiseflug) eine am Verbraucher gemessene höchste Betriebsspannung von 29 V, während sich bei abgeschaltetem Generator (am Boden und im Schwebeflug) eine niedrigste Betriebsspannung von 21 V einstellt. Bei einer Nennspannung des Bordnetzes von 12 V entspricht diesen Werten eine Betriebsspannung von 14,5 V bzw. 11 V am Verbraucher. Alle vom Bordnetz mit Strom versorgten Geräte sind so gebaut, daß sie innerhalb dieser Spannungsgrenzen einwandfrei arbeiten.

2. Strombelastbarkeit

Bei so niedrigen Betriebsspannungen müssen die Übergangswiderstände besonders beachtet werden. Als Höchstwerte sind bei Belastung mit dem 1,25fachen Nennstrom Spannungsabfälle je Kontakt von 50 mV zugelassen, wobei die Übertemperatur der Schaltstücke nach 1 h nicht mehr als 60° betragen darf.

Da die verwendeten Sammlermuster bei sattem Kurzschluß z. T. Kurzschlußströme bis zu 1000 A hergeben und derartige Ströme bereits große mechanische Kräfte und durch die Erwärmung Brandgefahr auslösen können, werden alle in Frage kommenden Geräte so gebaut, daß bei Kurzschluß in den ungünstigsten Fällen ein Strom von 1000 A kurzzeitig ausgehalten wird. Auch der ungünstigste Fall eines teilweisen Kurzschlusses darf bei Vorschaltung der dazugehörigen Netzsicherung keine Brandgefahr für umliegende Teile bringen.

3. Isolation

Jedes elektrische Gerät und jeder Meter Leitung besitzen einen Ableitungswiderstand zur Masse. Alle diese parallel geschalteten Einzelwiderstände ergeben insgesamt den Isolationswert der elektrischen Einrichtung eines Flugzeuges. Für einen einwandfreien Betrieb sind Isolationswiderstände erforderlich, die bei größeren Flugzeugen (zweimotorigen) oberhalb von 100 000 Ω und bei kleineren Flugzeugen (einmotorigen) oberhalb von 200 000 Ω liegen. Isolationswerte von 20 000 Ω sollen auch in ungünstigsten Fällen nicht unterschritten werden. Hierbei ist 100prozentig feuchte Luft angenommen. Aus diesen Daten ergeben sich die Forderungen an das einzelne Gerät. Nach 24stündigem Liegen in 100prozentig feuchter Luft muß der Isolationswiderstand des einzelnen Gerätes mindestens 5 MΩ betragen.

Liegt der Isolationswert unter diesen Werten, ist dies ein Zeichen für einen schlechten Zustand des Bordnetzes.

Den Betriebsspannungen entsprechend sind bestimmte Mindestkriech- und Luftstrecken zwischen spannungsführenden Teilen und Masse einzuhalten. Diese Werte, die auch die verdünnte Luft in größerer Höhe berücksichtigen, sind in Abb. 1 und 2 zusammengestellt.

Bei besonders starker Verschmutzungs- und Verformungsgefahr sowie bei Teilen, die starker Schwitzwasserbildung ausgesetzt sind, müssen die in Abb. 1 und 2 angegebenen Kriech- und Luftstrecken entsprechend vergrößert werden.

Die Messung des Isolationswiderstandes von Bordnetzen wird mit einem Isolationsmesser, der 40 Volt Betriebsspannung hat, durchgeführt. Eine höhere Prüfspannung ist in jedem Fall unzulässig, da sonst die in vielen Geräten eingebauten Entstörkondensatoren Schaden leiden würden.

Die Prüfung der Isolation auf Durchschlagfestigkeit oder Überschlagfestigkeit wird nur an einzelnen Geräten durchgeführt.

Spannung (Gleichspannung) bzw. Scheitelwert bei niederfrequenter Wechselspannung

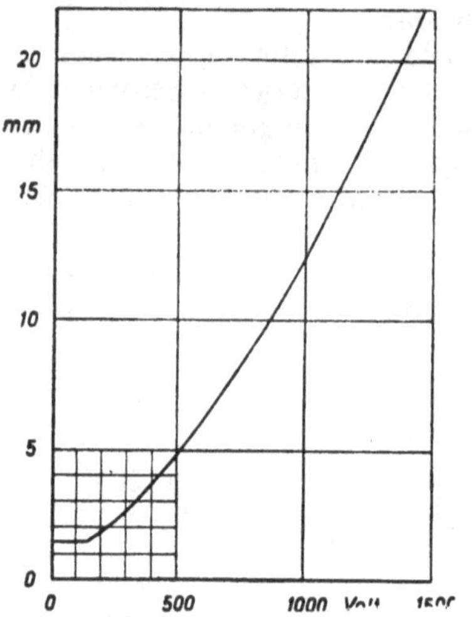

Mindestkriechwege in Abhängigkeit von der Spannung unter Berücksichtigung normaler Verschmutzung, Verformung und Schwitzwasserbildung

Abb. 1
Luftstrecke zwischen Pol und Masse

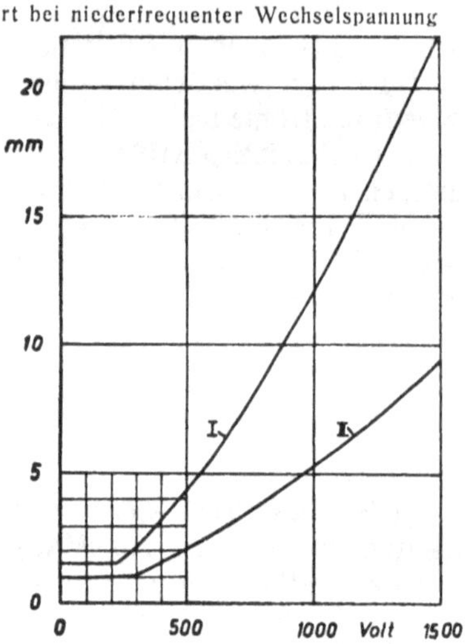

Mindestluftstrecken in Abhängigkeit von der Spannung unter Berücksichtigung normaler Verschmutzung, Verformung und Schwitzwasserbildung

Abb. 2
Luftstrecke zwischen den Polen

Die Geräte bis 40 V Nennspannung werden ohne Kondensatoren in kaltem und in betriebswarmem Zustand je eine Minute lang mit 500 Volt effektiver Wechselspannung geprüft. Die Kondensatoren werden gemäß VDE-Vorschrift 0870 geprüft, und zwar eine Sekunde lang mit dreifacher Nennspannung und eine Minute lang mit zweifacher Nennspannung.

4. Magnetische Entstörung

Durch Streufelder von Geräten, die magnetische Systeme enthalten, und durch stromführende Leitungen werden magnetische Felder erzeugt, die eine Fehlweisung der Kompaßnadel verursachen können.

Die Flugsicherheit erfordert, daß die durch elektrische Einrichtungen hervorgerufene Kompaßabweichung für alle während des Fluges auftretenden Möglichkeiten, wie sie sich durch Zu- und Abschaltung der einzelnen Verbraucher und durch Masseschlüsse und vagabundierende Ströme ergeben können, nicht mehr als 1° beträgt.

5. Elektrische Entstörung

Alle Geräte, die dauernd arbeitende Kontakte haben, wie z. B. Generatoren mit Tirillreglern, Kollektoren an elektrischen Generatoren, Motoren oder Umformern, Zündmagnete usw. erzeugen Wechselspannungen verschiedenster Frequenz. Diese der Bordnetzspannung sich überlagernde Störspannung kann auf zwei verschiedene Arten in das Funkgerät eindringen. Die Störspannung verbreitet sich vom Ort ihres Entstehens über das ganze Netz, wobei sie mehr oder weniger stark gedämpft wird. Sie kann auf galvanische Weise über die Sammelschiene und die Zuleitung ins Funkgerät hineinkommen, aber auch vom Bordnetz abgestrahlt werden und über die Antenne ins Funkgerät eindringen. Diese beiden Fälle müssen unterschieden und in ihrer Abwehr gesondert behandelt werden.

Es stören in erster Linie die Frequenzen, die im Frequenzbereich der Sprache (etwa 40—10 000 Hz), und die Frequenzen, die im Bereich der Trägerwelle des Nachrichtengerätes (oberhalb 200 kHz, entsprechend 1500 m Wellenlänge bis zur Wellenlänge von 1 m herunter) liegen. Diese beiden Frequenzbereiche verhalten sich in ihrer Auswirkung verschieden. Während niederfrequente Störspannungen sich nur wenig gedämpft ausdehnen, dagegen kaum abgestrahlt werden, werden die hohen Frequenzen — und zwar in zunehmendem Maße mit steigender Frequenz — vom Leitungsnetz ausgestrahlt, während sie in ihrer Verbreitung über das Bordnetz stärker gedämpft werden.

Schalten wir bei der Betrachtung die Frequenzen unterhalb 40 Hz, die sich nur im Flackern des Lichtes und ähnlichen Störungen anderer Verbraucher äußern, aus, so können folgende Maßnahmen angewandt werden:

Hochfrequente Störspannungen lassen sich mit einem verhältnismäßig geringen Aufwand durch die *Anbringung eines Kondensators* (in der Regel genügt 0,5 bis 1,5 μF am Ort des Entstehens) weitgehend beseitigen. Für diejenigen Fälle, in denen Kapazitäten aus betriebsmäßigen Gründen nicht angebracht werden können, z. B. bei der Zündanlage des Antriebsmotors, ferner zur Erfassung unvorhergesehener Störer, wie z. B. aller Wackelkontakte, und zur besonderen Sicherheit wird das *gesamte Leitungsnetz metallisch geschirmt* und abgebunden verlegt.

Niederfrequente Störspannungen sind nur durch verhältnismäßig hohen Aufwand, und zwar durch die Verwendung von Siebketten (Zusammenschaltung von Drosseln und Kondensatoren) zu erfassen. Da ihre Verwendung bei jedem einzelnen Störer einen viel zu hohen Aufwand bedeuten würde, werden sie nur an einer Stelle, und zwar am Eingang ins Funkgerät durch eine dort angebrachte Siebkette abgefangen. Die Verdrosselung an dieser Stelle hat außerdem den Rest der hochfrequenten Störspannungen abzuhalten, der durch die örtlichen Kondensatoren nicht erfaßt wird.

Die beschriebenen Maßnahmen, nämlich die Verdrosselung des galvanischen Einganges ins Funkgerät, die Beseitigung der Störspannungen hoher Frequenz im einzelnen Gerät und die sichere Verhütung der Ausstrahlung vom Netz durch die vollständige Schirmung und Abbindung bestimmen in weitgehendem Maße die konstruktive Ausführung der gesamten elektrischen Einrichtung im Flugzeug.

6. Abbindung

Außer aus Gründen der sicheren Schirmung ist das Abbinden aller Teile noch erforderlich, um nicht durch dauernde Kapazitätsänderung des Gegengewichts (Masse) zur Antenne die Abstimmung des Funkgerätes zu beeinflussen und um zu vermeiden, daß ein Teil der Sende- oder Empfangsenergie von elektrisch nicht gebundenen Metallteilen aufgesaugt wird. Das Flugzeug soll also mit seinem gesamten elektrischen und metallischen Zubehör einen elektrisch einheitlichen Körper darstellen, der an keiner Stelle höhere Spannungen annimmt und damit Störspannungen auf die Antenne überträgt und der ein einwandfreies und unveränderliches Gegengewicht bildet.

Der elektrische Widerstand zwischen zwei beliebigen metallischen Stellen soll annähernd den gleichen Wert haben, als wenn die Teile aus einem Stück beständen.

Zur Überbrückung wird hochbiegsame Kupferlitze von 1,5 mm^2 verwandt. Der Anschluß der Abbindelitze und überhaupt jede Abbindung ist in ihrer Wichtigkeit einem elektrischen Leitungsanschluß gleichzusetzen.

Unter Abbindung oder Abbinden versteht man die elektrische Verbindung von Metallteilen, die sich berühren können, und die Bewegungen gegeneinander ausführen können. Das Abbinden ist weiterhin erforderlich zur Vermeidung von Funkstörungen, zur Verringerung von Beschädigungen bei Blitzschlägen und zur Vermeidung von Funkenüberschlägen beim Senden, die zu Bränden und Personenschäden führen können. Derartige Funkstörungen entstehen, wenn sich Metallteile, die sich eng gegenüberstehen und nicht fest miteinander verbunden sind, im Takte der Erschütterungen des Flugzeuges berühren. Solange die Metallteile voneinander getrennt sind, laden sie sich in dem elektrischen Feld der Atmosphäre oder in den Feldern von Funksendern auf verschieden hohe Spannungen auf. Bei der nächsten Berührung gleichen sich diese Spannungen mittels eines Ausgleichstromes gegenseitig aus. Dieser Strom ist kein Gleichstrom, sondern ein Strom, der zwischen den beiden Metallteilen hin- und herpendelt und langsam verschwindet. Dieser Strom entspricht dem Strom, mit dem früher die Löschfunkensender die Antennen speisten. Er stört also den Funkempfang. Die Wellenlänge, auf der er stört, ist gegeben durch die Abmessungen der Metallteile. Da aber die verschiedensten Abmessungen vorkommen, werden also auch die verschiedensten Wellenlängen gestört, hauptsächlich aber die kurzen und die ultrakurzen Wellen, da die Flugzeugteile von diesen Abmessungen sind.

Zur Abhilfe werden alle Metallteile, die sich auf die oben beschriebene Weise bei Erschütterungen mit Unterbrechungen gegenseitig berühren können, gutleitend verbunden, also abgebunden. Hierzu werden z. B. bewegliche Metall-Leitungen und Drähte, die ein anderes Metallteil reibend oder schwingend berühren können, mindestens alle 600 mm mit diesem verbunden. Die Verbindung kann z. B. durch Anschellen durchgeführt werden. Wenn die Teile sich gegeneinander bewegen müssen wie z. B. Seilzüge, werden sie durch Abbindelitzen verbunden. Die Abbindelitzen oder die Schellen müssen wie jede elektrische Klemmverbindung mit beiden Teilen gut und dauerhaft Kontakt geben. Auch drehbare Teile, wie z. B. die Leitwerkflächen, müssen abgebunden werden, da die Lager durch den Schmierstoff bei Bewegung isolierend wirken, im Stillstand aber Kontakt geben, also ebenfalls einen unsicheren Kontakt darstellen. An die Stelle einer guten metallischen Verbindung kann auch eine gute Isolierung treten. Letztere wird mit Vorteil, z. B. bei sich kreuzenden Spanndrähten angewandt. Metallteile, die frei durch den Raum führen, brauchen nur an ihren Enden abgebunden zu werden, da sie ja keine anderen Metallteile unterwegs berühren können.

Bei Erneuerung von Abbindungen ist nach dem Herstellen des Kontaktes (durch Blankmachen und Einfetten der Berührungsstellen) und der Verbindung wieder für ausreichenden Korrosionsschutz zu sorgen.

Schäden durch Blitzschläge entstehen, wenn der Blitz zwischen Metallteilen, die sich eng gegenüberstehen, in Form eines Bogens überspringt. Der Blitz tut dies, auch wenn die Metallteile irgendwo gutleitend miteinander verbunden sind. Der Blitz kann dabei **Brände und Personenschäden** verursachen. Auf jeden Fall hinterläßt er an der Übergangsstelle Brandlöcher. Auch gegen diese Schäden hilft allein das Abbinden in hinreichend kleinen Abständen (unter 600 mm).

B. Mechanische Beanspruchungen

1. Beanspruchung durch Schütteln und Beschleunigung

Alle Teile des Flugzeuges sind einer dauernden Schüttelbeanspruchung ausgesetzt. Die Ursache hierfür sind die Flugmotoren. Da die Zelle und ihre Wandungen äußerst leicht gebaut sind, machen sie diese Erschütterungen mit. Die Grundfrequenz, die der Drehzahl des Motors entspricht, kann durch Schwingungen zwischen den einzelnen Flugmotoren und durch Hinzukommen von Resonanzen in erheblichen Grenzen geändert werden. Frequenz und Amplitude sind vorher nur schwer bestimmbar.

Um alle möglichen Fälle mit Sicherheit zu erfassen, mußte eine verhältnismäßig harte Prüfung vorgeschrieben werden. Die Schüttelprüfung wird 24 h lang mit einer Frequenz von 50 per/s bei 0,5 mm Amplitude durchgeführt. Liegen in dem Bereich unterhalb 50 per/s Resonanzfrequenzen, so wird bei diesen Frequenzen nochmals eine Stunde lang geschüttelt. Die Erfahrung hat gezeigt, daß durch diese zwar harte, aber einfache Prüfung die oftmals viel verwickeltere Wirklichkeit genügend erfaßt wird. Insbesondere werden die oberhalb 50 per/s liegenden Frequenzen mit angestoßen, so daß für diesen Bereich auf die nur schwer durchführbare Prüfung verzichtet werden kann.

Bei dieser Prüfung, bei der die größte Kraft gleich der 5fachen Erdbeschleunigung ist, wird nicht nur die mechanische Haltbarkeit und die Sicherung aller Schrauben und Klemmanschlüsse nachgeprüft, sondern es werden gleichzeitig die Spannungsabfälle an den Kontakten nachgemessen. Abb. 3 zeigt die oszillographische Aufnahme des Schüttelversuchs an einem Sicherungskasten. Durch ungenügenden Kontaktdruck ist der Spannungsabfall in diesem Fall unzulässig gesteigert worden. Ohne Abstellung dieses Fehlers wären schwere Störspannungen und damit Störungen des Nachrichtenbetriebes die Folge gewesen. Es ist daher als obere Grenze derartiger Spannungsabfallschwankungen 10% während der vorgeschriebenen Schüttelprüfung zugelassen.

Eine grundsätzlich andere Art der Beschleunigungsbeanspruchung im Flugzeug sind die Beschleunigungen in der Kurve, beim Abfangen nach dem Sturzflug und beim Rollen am Boden. Ohne besondere Maßnahmen könnten sie z. B. die ungewollte Betätigung eines elektrischen Schützes und damit die ungewollte Auslösung irgendeines Vorganges

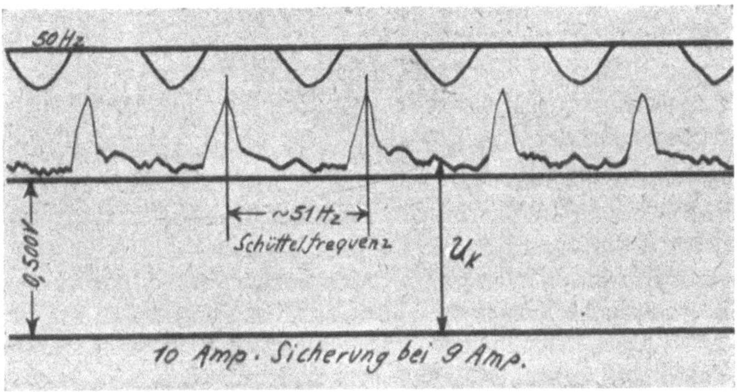

Abb. 3
Unzulässige Schwankungen im Spannungsabfall bei Schüttelversuch an einem Sicherungskasten (Uk-Klemmenspannung)

zur Folge haben. Daher werden alle Geräte auf einwandfreies Arbeiten bei der 12fachen Erdbeschleunigung, die 5 sec lang nach allen Richtungen hin ausgehalten werden muß, geprüft.

2. Einflüsse durch Wetter und Höhe

In größeren Höhen treten Lufttemperaturen von —80° C auf. Den Prüfungen der einzelnen Geräte wird allgemein ein Bereich von —60° bis +50° C zugrunde gelegt. Nicht alle Geräte genügen dieser ungemein scharfen Anforderung. Zum Beispiel gefriert die Säure des Bleisammlers bei etwa —20° C, während seine Kapazität bei —10° C bereits auf ein Drittel gegenüber derjenigen bei +20° C zurückgeht. In diesen Fällen müssen besondere Einbau- und Betriebsbedingungen geschaffen werden, auf die weiter unten noch näher eingegangen wird.

Außerordentlich hohe Anforderungen müssen an die Korrosionsfestigkeit der Geräte gestellt werden. Da ein druckluftdichter Bau der einzelnen Geräte aus Gewichts- und Raumgründen nicht in Frage kommt, ist mit dem Niederschlagen von Kondenswasser bei jedem Flug in größere Höhen zu rechnen. Der absolute Luftfeuchtigkeitsgehalt in großer Höhe macht wegen der vorhandenen Kälte und wegen des geringen Luftdruckes nur einen Bruchteil des in Bodennähe vorhandenen Feuchtigkeitsgehaltes aus. Bei jedem größeren Höhenwechsel bringt also die wärmere und dichtere Luft Feuchtigkeit in das Innere des unterkühlten Gerätes und bildet so Kondenswasser. Weiterhin kann natürlich Wasser in Form von Regen oder Spritzwasser (bei Seeflugzeugen) in die Geräte eindringen. Die Folge hiervon ist immer eine Herabsetzung des Isolationswertes, sofern Isolierstoffe verwendet werden, die die Feuchtigkeit aufsaugen, und die Einleitung der Korrosion. Hohe Luftfeuchtigkeit in Verbindung mit Salzgehalt, wie sie besonders in Seenähe auftreten, begünstigen die Korrosion erheblich.

Um diesen Schwierigkeiten zu begegnen, werden alle Geräte grundsätzlich so gebaut, daß ein Ablaufen von Wasser aus unten angebrachten Öffnungen, durch die im übrigen das Gerät frei atmen kann, möglich ist. Leitungen werden immer von unten in das Gerät eingeführt, da an ihnen sonst Flüssigkeit entlanglaufen und so in das Gerät eindringen kann. Die Wasserdichtigkeit wird auf die sogenannte Tropfdichtigkeit beschränkt, d. h. nur senkrecht fallendes Wasser wird am Eindringen in das Gerät verhindert. Die Korrosion versucht man zu verhüten durch eine entsprechende Auswahl der Werkstoffe. Bekanntlich entsteht die Korrosion an den Stellen, an denen zwei Werkstoffe, die in der elektrischen Spannungsreihe weit auseinanderliegen, zusammen mit einem Flüssigkeitstropfen ein kurz geschlossenes Primärelement bilden. Diese Elementbildung kann weitgehend vermieden werden, wenn z. B. Aluminium niemals mit Kupfer, sondern mit verzinktem Eisen in Verbindung gebracht wird. Als Oberflächenschutz eignet sich z. B. bei Eisenteilen gutes Kadmieren und gutes Feuerverzinken.

3. Lagesicherheit

Da Flugzeuge, insbesondere solche, die kunstflugtauglich sind, die verschiedensten Fluglagen einnehmen können, werden alle elektrischen Geräte so gebaut, daß sie grundsätzlich in jeder Lage voll betriebsfähig sind.

4. Explosionssicherheit

Eingehende Messungen haben ergeben, daß im Flugzeug nur diejenigen Stellen als explosionsgefährdet anzusehen sind, an denen z. B. durch Leckbenzin Kraftstoff verdunsten kann. Hierzu gehört in erster Linie das Triebwerk und die Tankräume. Zündmagnete, andere Geräte im Triebwerk und elektrische Antriebsmotoren für Kraftstoff-Förderpumpen werden demnach explosionsgeschützt gebaut, während bei allen übrigen Geräten im allgemeinen hierauf keine Rücksicht genommen wird.

Es ist selbstverständliche Pflicht, das Bordnetz am Boden stets spannungslos zu halten und Instandsetzungsarbeiten n u r in spannungslosem Zustande der Anlage durchzuführen.

Zur Prüfung auf Explosionsgeschütztheit wird das betreffende Gerät mit Benzin übergossen und festgestellt, ob eine künstlich im Innern hervorgerufene Kraftstoffluftgemisch-Explosion das außen befindliche Benzin entzündet. Das Gerät ist in Ordnung, wenn dies nicht geschieht.

5. Splittersicherheit

Da Beschußversuche gezeigt haben, daß Geräte aus nicht geeignetem Isolierstoff schon bei den geringsten Einwirkungen (Streifschüsse) völlig zertrümmert wurden, wird möglichst wenig Isolierstoff

Abb. 4
Beschußwirkung bei Isolierstoff und Metall

und dafür Metall verwendet. Die restlichen Isolierstoffteile werden soweit wie irgend möglich aus nichtsplitternden Stoffen hergestellt. Wie wenig Metallteile durch Beschuß leiden, zeigt Abb. 4.

6. Erwärmung

Es muß unterschieden werden zwischen Stellen, die

a) betriebsmäßig zur Bedienung berührt werden müssen; sie sollen keine höheren Übertemperaturen als 25° C annehmen;

b) im Betrieb berührt werden können; sie sollen zur Vermeidung von Reflexbewegungen bei dem bedienenden Personal keine höheren Übertemperaturen als 35° C haben;

c) im Betrieb nicht berührt werden können; die Außenflächen dieser Teile sollen keine höheren Übertemperaturen als 65° C annehmen.

7. Beeinflussung durch Betriebsstoffe

Die Geräte und Leitungen, die sich im Triebwerk befinden, also zur Zünd- und Anlaßeinrichtung (z. B. Zündleitung) oder zur Luftschraubenverstellung und den Triebwerküberwachungsgeräten gehören, sind besonders der Berührung mit Kraftstoff, Schmierstoff und Kühlstoffen (z. B. Glykol) ausgesetzt. Sie müssen diese Berührung selbstverständlich über einen bestimmten Zeitraum vertragen, ohne ihre Eigenschaften zu verändern. Diese Forderung hat namentlich die Herstellung der Leitungen vor beachtliche Schwierigkeiten gestellt. Hier muß die sorgfältige Pflege im Betriebe einsetzen, um die erforderliche Lebensdauer zu erzielen.

8. Brennbarkeit

Soweit die verwendeten Werkstoffe brennbar sind, dürfen sie keine höhere Brenngeschwindigkeit als 100 mm/min in ruhender Luft haben. Damit soll verhütet werden, daß entstandene Brände sich mit größerer Geschwindigkeit ausbreiten.

C. Konstruktive Durchbildung

1. Gewichts- und Raumbedarf

Die Erfolge, die in dem Streben nach geringstem Gewichts- und Raumbedarf erreicht sind, bestimmen zum großen Teil den Fortschritt in der Flugzeugentwicklung. Einige Beispiele zeigen das auf diesem Gebiet Erreichte.

Abb. 5 zeigt ein Luftfahrtschütz für 2×100 A bei 40 V, also eine Dauerleistung von 4 kW in Vergleich zu einem normalen Starkstromschütz für 2×30 A bei 220 V, also eine Dauerleistung von 6,6 kW. Die Gewichte verhalten sich wie 0,7 kg zu 7 kg. Abb. 6 zeigt eine Luftfahrtsicherungspatrone für 30 A im Vergleich mit einer 25 A-Sicherungspatrone der Gebäudeinstallation. Die Gewichte verhalten sich wie 1,5 g zu 37 g.

Abb. 5
Vergleich von normalen Starkstrom- und Luftfahrtschütz

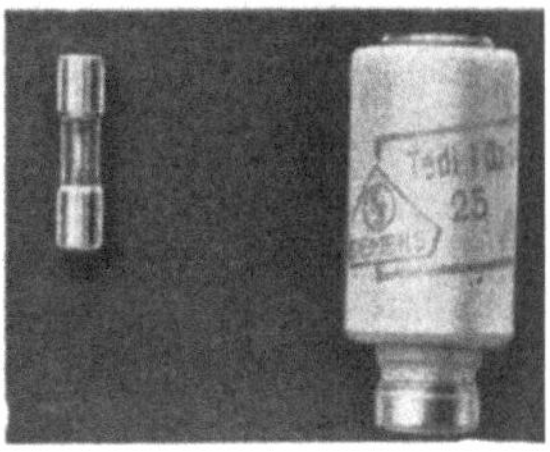

Abb. 6
Vergleich von Starkstromsicherungs- und Luftfahrtsicherungspatrone

Zu berücksichtigen ist bei diesen Vergleichen natürlich der Unterschied der Spannungen. Die Kleinspannung des Luftfahrzeuges ist eine der Ursachen dieser Erfolge.

Es ist anzunehmen, daß die hier gewonnenen Erkenntnisse auch von anderen Fachgebieten ausgenutzt werden können und auch dort zu erheblichen Werkstoffeinsparungen führen.

2. Anschlüsse

Die Anschlüsse sind diejenigen Stellen der Geräte, auf deren sorgsame Behandlung und Zugänglichkeit es sowohl beim Einbau wie auch bei der Fehlersuche und Auswechslung am meisten ankommt. Der enge Raum stellt oftmals schwierige Aufgaben. Das Löten ist an diesen Stellen, da es nur schwer in der gleichen Güte durchführbar und zu prüfen ist, grundsätzlich ausgeschlossen worden. Der Entwicklung der Anschlußklemmen ist eine ganz besondere Sorgfalt geschenkt worden.

Abb. 7
In der Luftfahrt gebräuchliche Leitungsklemmen

Abb. 7 zeigt eine Zusammenstellung der gebräuchlichen Klemmen. Sie sind grundsätzlich alle so ausgebildet worden, daß ein entsprechend lang abisoliertes Leitungsende gerade hineingeführt und mit Hilfe eines Schraubenziehers festgeklemmt werden kann. Durch geeignete Maßnahmen sind die Klemmen so ausgebildet worden, daß sie den scharfen Schüttelbeanspruchungen standhalten.

Beispiel einer Leitungseinführung siehe Abb. 81. Mit Rücksicht auf den Funkschutz werden alle Geräte in der hier dargestellten Weise an der Einführungsstelle für die Leitungen mit einer Tülle oder einer gleichartig wirkenden Einrichtung versehen, an welcher der über die Leitung gezogene Schirmschlauch mit dem Gehäuse des Gerätes metallisch verbunden werden kann. Die Zugänglichkeit der Klemmen zum Anschließen wie zum Prüfen ist bei diesem Gerät durch einen aufklappbaren Deckel erreicht worden. Man bringt die Klemmen im Innern des Gerätes nach Möglichkeit so an, daß die Leitung durch die Tülle hindurch gradlinig in die Klemme hineingeführt wird.

Um zu vermeiden, daß sich von den Litzen einzelne Drähtchen abspleißen und einen Masseschluß einleiten, werden bei Querschnitten von 2,5 qmm abwärts Kupferröhrchen über die abisolierten Enden der Leitung geschoben (siehe Abb. 54).

Bei der Einführung muß die Leitung so gebogen werden, daß sie senkrecht in die Tülle hineinläuft und nicht an ihrer scharfen Kante aufliegt. Die Erfahrung hat gelehrt, daß Masseschlüsse, die durch abgespleißte Litzendrähte und durchgescheuerte Kabel entstanden sind, zu den häufigsten Fehlerquellen gehören. Durchgescheuerte Kabel entstehen durch die Erschütterungen. Besonders erschwerend ist, daß die Fehlerquellen oftmals im Stand am Boden nicht gefunden werden können, während sie sich bei den Erschütterungen im Fluge sofort wieder bemerkbar machen.

3. Vereinheitlichung

Ein besonderer Vorteil der Elektrotechnik ist es, daß sich die einzelnen Aufbauelemente, wie z. B. Anschlußklemmen, Einführungstüllen, Schaltereinsätze, Leitungen, Schauzeichen, Stecker usw. bei allen neuen Gerätemustern immer wieder verwenden lassen, ohne daß für jeden Einzelfall neue Teile entwickelt werden müssen. Es ist dann möglich, diese Teile in sehr großer Stückzahl herzustellen und dadurch für ihre Ausbildung, sorgfältige Erprobung und ständige Überwachung einen entsprechend hohen Aufwand zu treiben. Ihrer einheitlichen Anwendung wird daher besondere Beachtung geschenkt.

4. Besondere Maßnahmen

Scharfe Ecken, Kanten, Vorsprünge, Haken usw., die infolge der Enge des zur Verfügung stehenden Raumes berührt werden und Verletzungen hervorrufen könnten oder an denen man mit Kleidungsstücken hängen bleiben könnte, werden vermieden. Alle Bedienungsgriffe werden so ausgebildet, daß sie auch mit Pelzhandschuhen sicher gefaßt werden können.

Spannungsführende Teile werden gegen zufällige Berührung geschützt. Die der Berührung zugänglichen Teile werden aus Isolierstoffen hergestellt, sofern sie nicht geerdet oder in anderer Weise gegen die Annahme gefährlicher Spannungen geschützt sind.

Um ein notdürftiges Instandsetzen, das im Flugzeug u. U. besonders schwerwiegende Folgen haben kann, weitgehend auszuschalten, sind alle Einzelteile so ausgebildet und eingebaut, daß ihre Auswechslung bequem und unter Verwendung normaler Werkzeuge vorgenommen werden kann.

D. Schaltpläne und Listen

1. Allgemeines

Das Schaltbild ist für den Elektrotechniker das unentbehrlichste Hilfsmittel zur Durchführung der Montage und zur Fehlersuche und Instandsetzung. Es ermöglicht bei gleichzeitiger Verwendung einfacher und leicht zu handhabender Prüfgeräte, die Fehlerstelle (Isolationsfehler, Leitungsbruch, Kontaktversager) schnell und sicher zu finden und auszumerzen.

Natürlich muß dafür gesorgt werden, daß jeder Elektrotechniker diese seine „Schrift" auch lesen kann. Durch den Verband Deutscher Elektrotechniker ist zu diesem Zwecke eine eingehende Normung durchgeführt worden, die voll auf das Luftfahrzeug angewandt wird. Die einzelnen Elemente dieser Schrift des Elektrotechnikers sind die für jedes einzelne Gerät bzw. Teil aufgestellten Schaltzeichen und Schaltbilder.

2. Schaltpläne

Innerhalb der umfangreichen Unterlagen, die für die Konstruktion, den Bau und den Betrieb der elektrischen Flugzeugausrüstung benutzt werden, wird unterschieden zwischen Schaltungsunterlagen für Geräte, für Anlagen und für die Gesamtausrüstung des Flugzeuges. Es sind z. B.

a) Schaltungsunterlagen für Geräte.

1. Der Bauschaltplan. Er enthält die mehrpolige Darstellung der ausführlichen Innenschaltung einfacher Geräte mit allen Anschlußklemmen und Leitungen.
2. Der Grundschaltplan. Er vermittelt die einwandfreie Kenntnis der Wirkungsweise eines Gerätes und gibt die ver-

einfachte Darstellung der Schaltung komplizierter Geräte mit Hilfsleitungen ohne ihre Reihenklemmen und ohne Rücksicht auf die räumliche Lage der Teile.

Er enthält eine nicht lagegemäße, übersichtliche, mehrpolige Darstellung der Leitungsführung innerhalb des Gerätes. (Beispiel Abb. 8.)

3. Der Stromlaufplan. Er ist die nach Stromwegen aufgelöste Darstellung einer in sich geschlossenen Anlage mit Hilfsleitungen ohne Rücksicht auf die räumliche Lage und die Zusammengehörigkeit der Teile. Mechanische Funktionsglieder können eingezeichnet werden. (Beispiele Abb. 31 und 33.)

4. Die Einbauanweisung. Sie dient zum richtigen Einbau des Gerätes und enthält Beschreibung und Einbauhinweise für das Gerät.

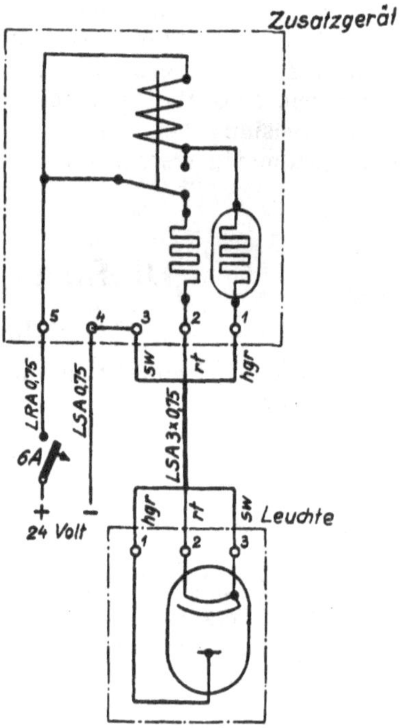

Abb. 8
Grundschaltplan eines Gerätes

b) Schaltungsunterlagen für Anlagen.

1. Der Grundschaltplan. Er vermittelt die Kenntnis des grundsätzlichen Aufbaues einer in sich gechlossenen Anlage ohne Rücksicht auf die räumliche Lage im Flugzeug. Er zeigt in mehrpoliger, übersichtlicher Darstellung die Schaltung der zum Verständnis notwendigen Geräte und Leitungen. Gegebenenfalls vorhandene mechanische Funktionsglieder werden eingezeichnet. (Beispiele Abb. 9 und 155.)

2. Der Stromlaufplan. Er ist die nach Stromwegen aufgelöste Darstellung einer in sich geschlossenen Anlage mit Hilfsleitungen ohne Rücksicht auf die räumliche Lage und die Zusammengehörigkeit der Teile. (Beispiele Abb. 10, 117, 119, 152, 154.)

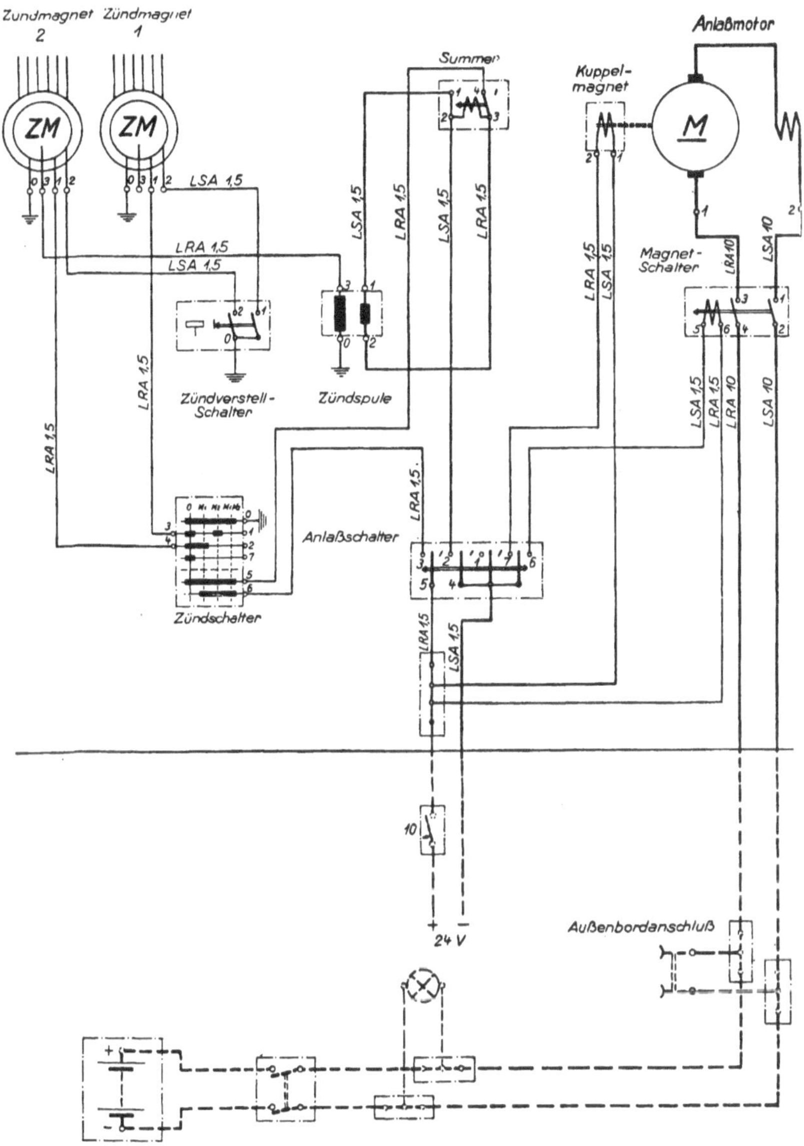

Abb. 9
Grundschaltplan einer Zünd- und Anlaßanlage

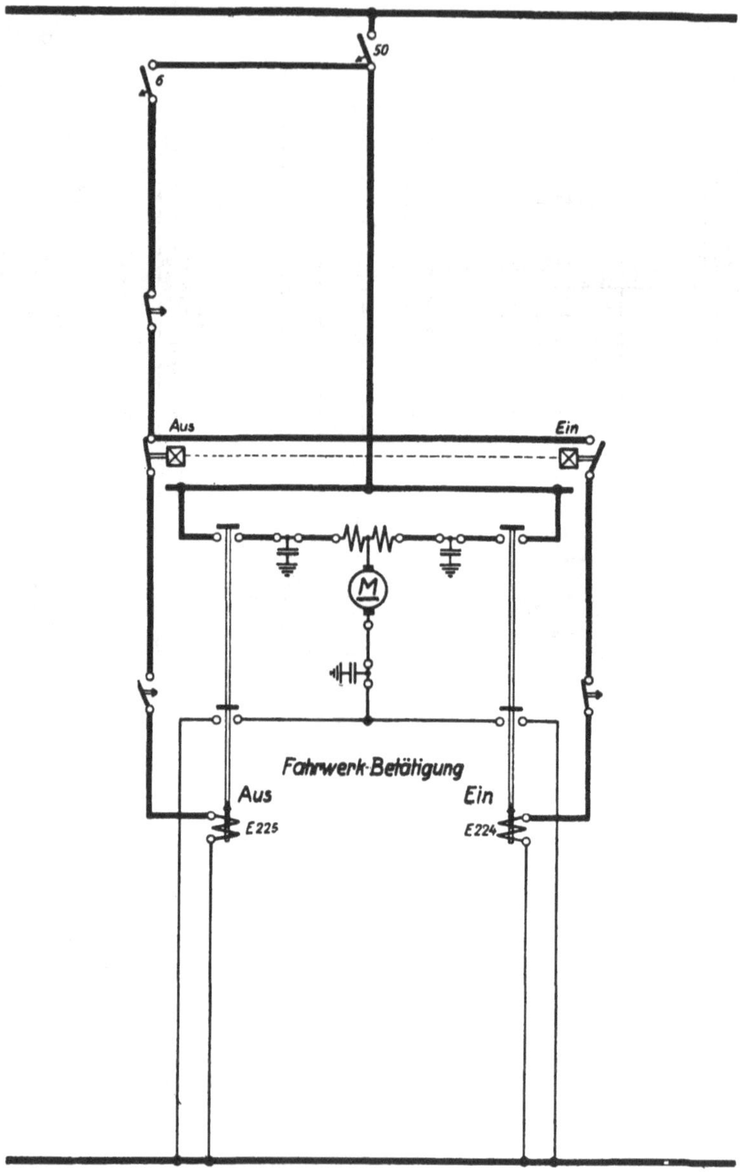

Abb. 10
Stromlaufplan einer Fahrwerkseinzuganlage

3. Einbauanweisung. Sie dient zum richtigen Einbau der Anlage und enthält Beschreibung und Einbauhinweise für eine in sich geschlossene Anlage.

c) Schaltungsunterlagen für die Gesamtausrüstung des Flugzeuges.

1. Der Übersichtsschaltplan gibt in einpoliger Darstellung eine Übersicht der gesamten elektrischen Ausrüstung. Eingetragen sind alle Stromerzeuger und Stromverbraucher mit Angabe der abgegebenen bzw. aufgenommenen Leistung in Watt. Kurzzeitige Leistungsangaben (bis etwa 5 Min.) sind eingeklammert. Dargestellt sind ferner die wichtigsten Schalt- und Überwachungsgeräte mit Angabe der elektrischen Kenngrößen, die wesentlichsten Leitungen mit Angabe der Leitungsquerschnitte.

   Der Übersichtsschaltplan ermöglicht eine kurze Leistungsbilanz der Stromerzeuger und Stromverbraucher und wird im Flugzeug mitgeführt. (Beispiel Abb. 11 und 12.)

2. Der Bauschaltplan dient als Unterlage zum Verlegen und Anschließen der Leitungen.

   Er enthält in vollständiger und möglichst lagegetreuer mehrpoliger Darstellung die Leitungsführung der gesamten Elt-Ausrüstung mit allen Anschlüssen der Leitungen und der Geräte. Entsprechend den Baugruppen des Flugzeuges ist er auf mehrere Blätter verteilt. (Beispiel Abb. 13.)

3. Der Stromlaufplan dient zum schnellen Verfolgen der Schaltung bei dem Suchen von Störungen. Seine Übersichtlichkeit ermöglicht ein leichtes Verständnis der elektrischen Vorgänge.

   Er enthält die nach Stromwegen aufgelöste mehrpolige Darstellung der gesamten Elt-Ausrüstung ohne Rücksicht auf die Lage und dic Zusammengehörigkeit der Teile und ist entsprechend den Anlagen auf mehrere Blätter verteilt. Die Plusverteilung ist auf dem oberen, die Minusverteilung auf dem unteren Teil der Blätter eingetragen. (Beispiel Abb. 14.)

d) Schaltungsunterlagen für Teile der Elt-Ausrüstung des Flugzeuges.

1. Der Anlageschaltplan ist ein Auszug einer einzelnen Anlage aus dem Bauschaltplan und dient zum schaltungsgemäßen Überprüfen der Anlage und zum leichten Auffinden sowie zur Beseitigung von Störungen.

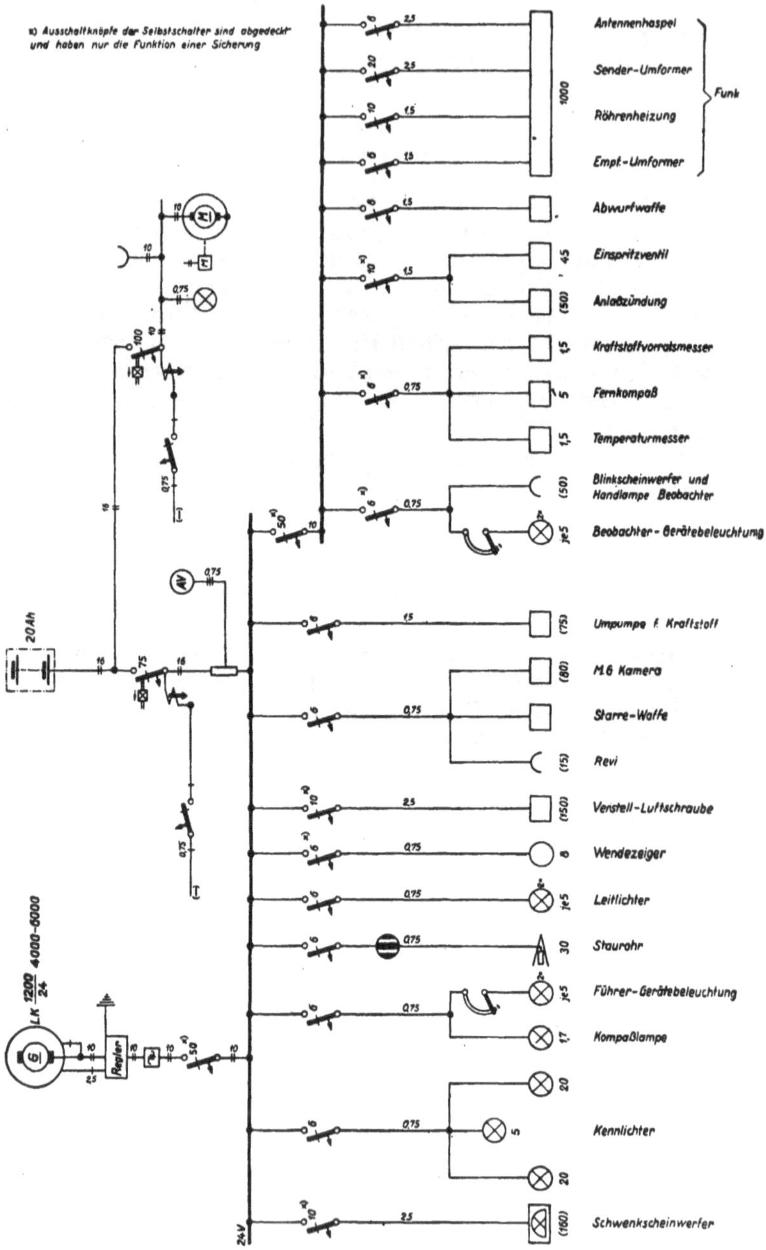

Abb. 11
Übersichtsschaltplan eines einmotorigen Flugzeuges

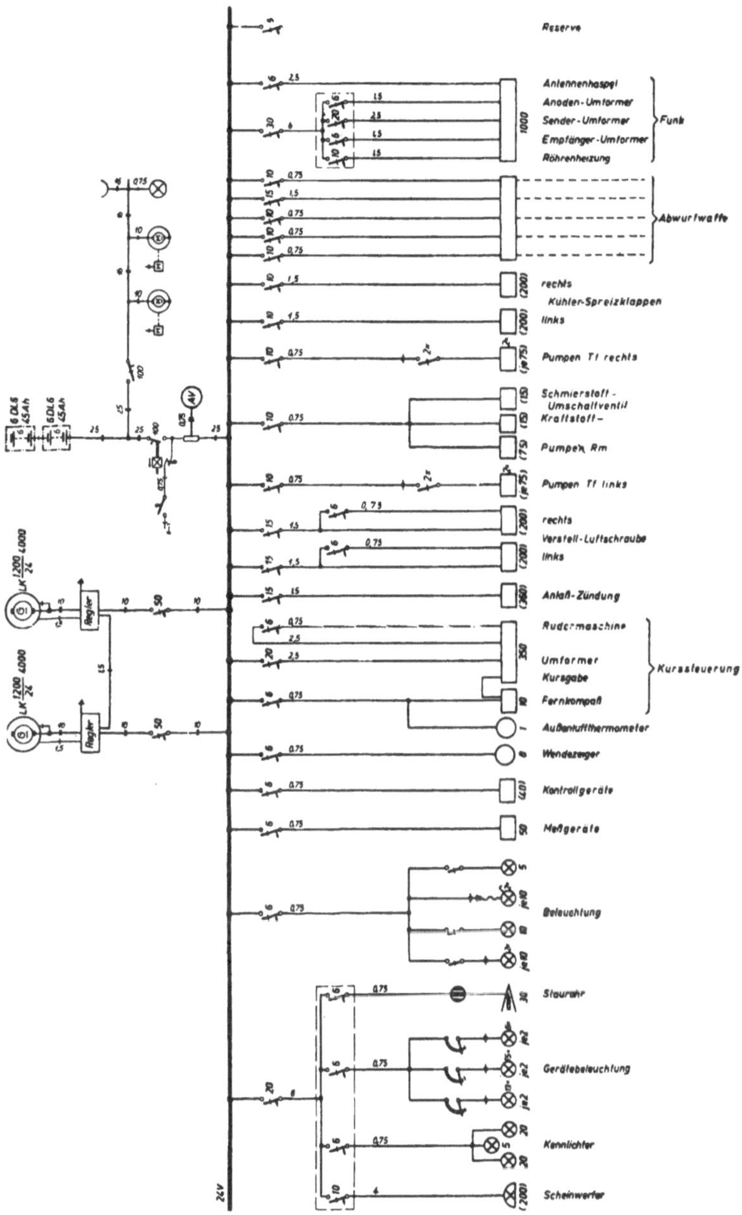

Abb. 12
Übersichtsschaltplan eines zweimotorigen Flugzeuges

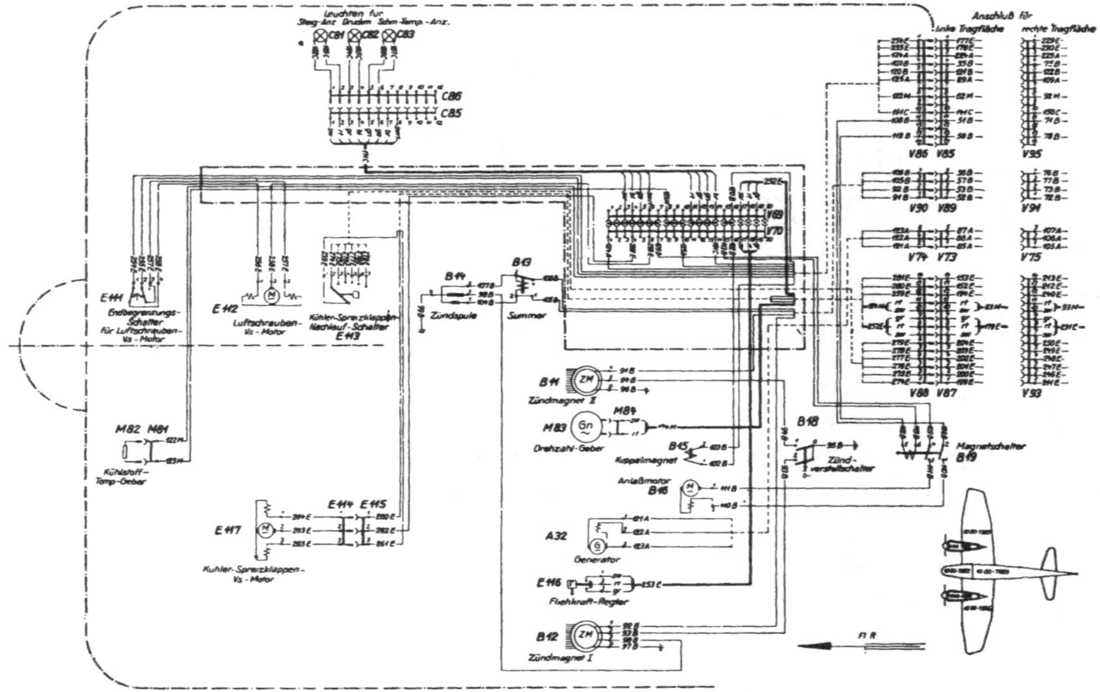

Alle Leitungen außerhalb der Rohre und Kanäle sind geschirmt verlegt

Abb. 13
Bauschaltplan eines Triebwerkes

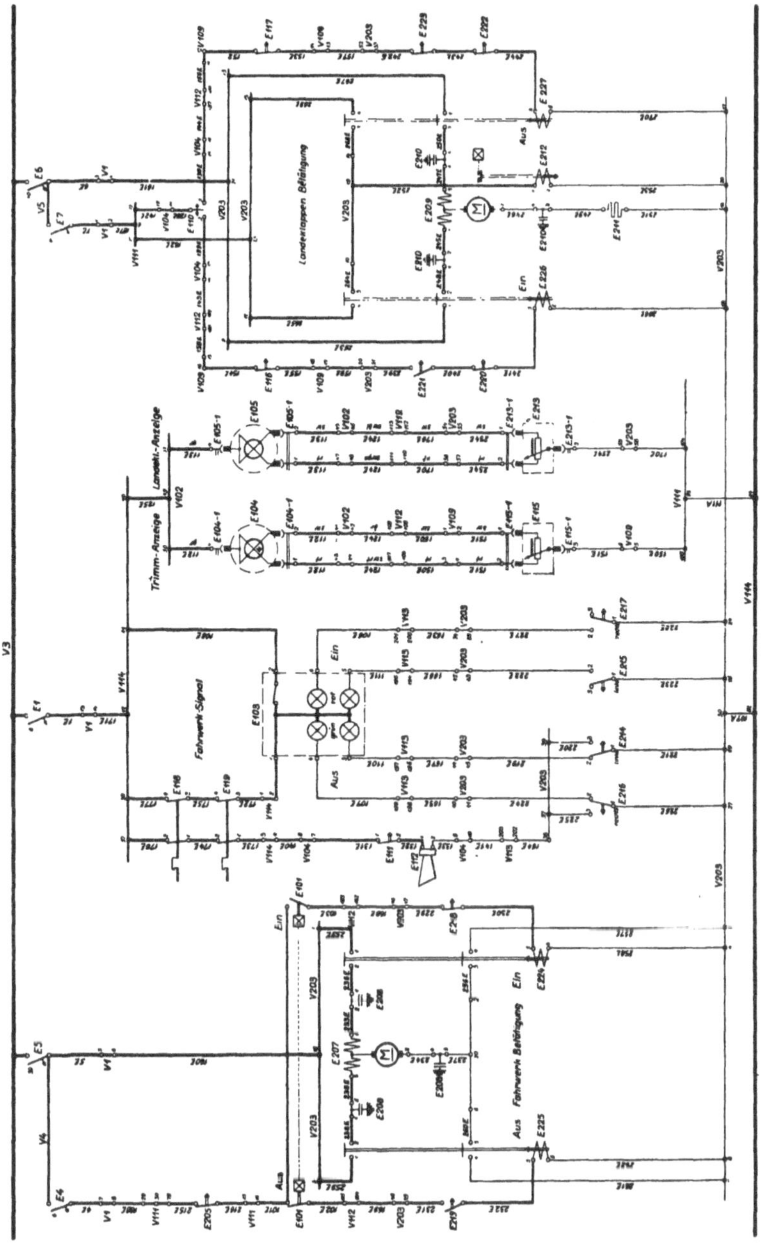

Abb. 14
Stromlaufplan der E-Anlage

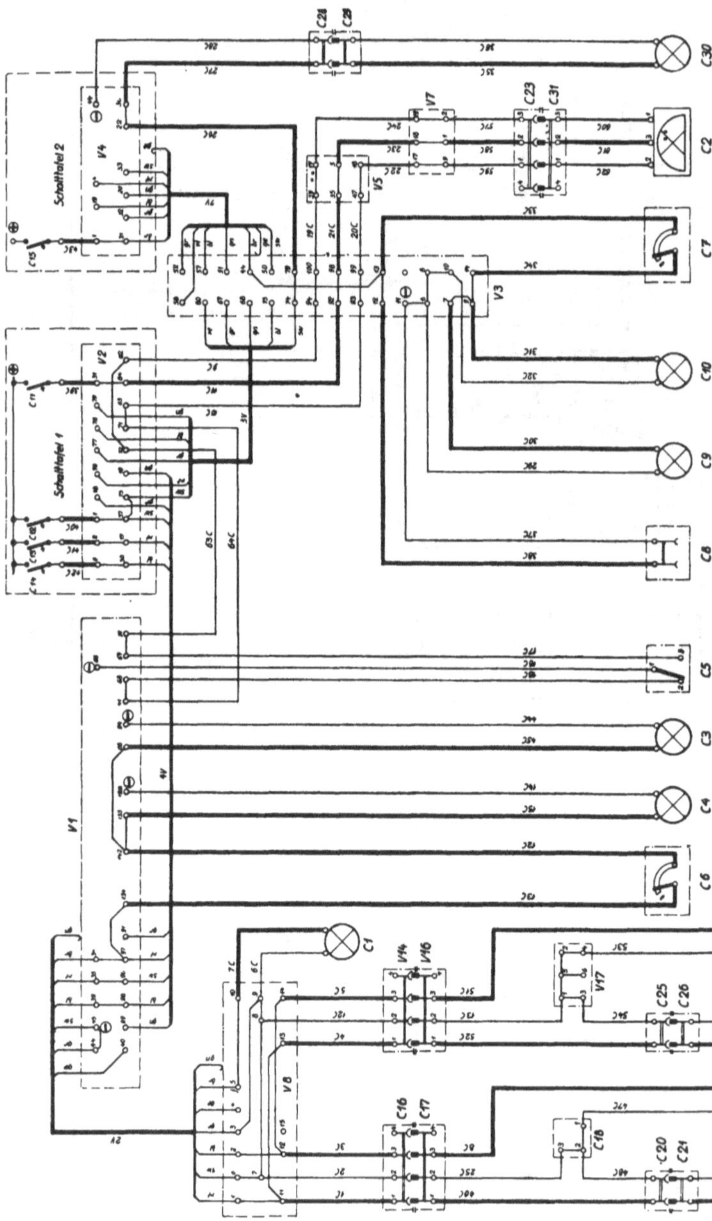

Abb. 15
Anlagenschaltplan einer Beleuchtungsanlage

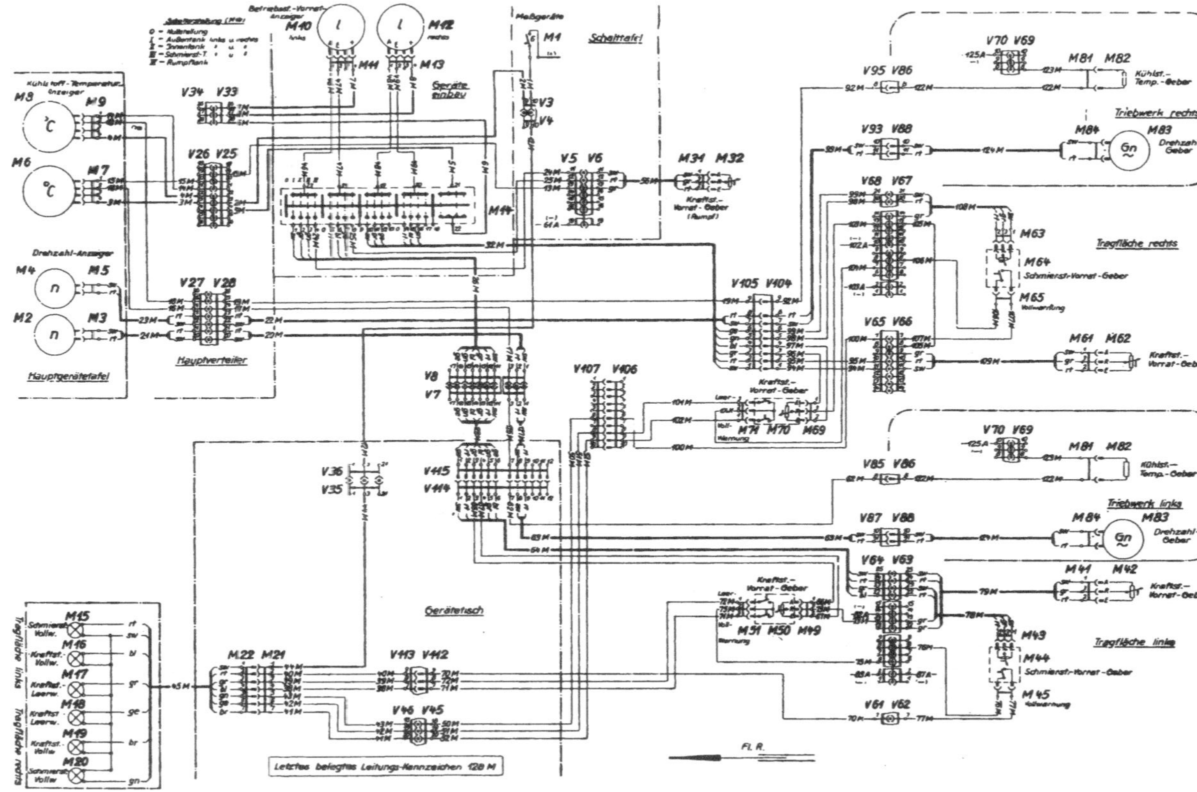

Abb. 16
Anlagenschaltplan mit willkürlichen Beispielen

Er enthält die vollständige und möglichst lagegetreue, mehrpolige Darstellung der Leitungsführung der Anlage (z. B. Beleuchtung). Vorhandene mechanische Funktionsglieder sind eingezeichnet, soweit es zum besseren Verständnis notwendig ist. Zum leichteren Verfolgen der Schaltung unterscheidet sich die Plusleitung von der Minusleitung durch größere Strichdicke.

(Beispiel Abb. 15 und 16.)

2. Der **A n s c h l u ß p l a n** ist ein Auszug aus dem Bauschaltplan und dient zur Abnahme und Prüfung, zur Wartung und Reparatur beim Hersteller und Halter.

Er enthält die Anschlüsse und innere Verschaltung von Teilen der Elt-Ausrüstung, z. B. Verteiler, Schalttafel u. ä. Durch die Angabe der Kennzeichen und Klemmenbezeichnung der Geräte, an die die Leitungen des dargestellten Verteilers angeschlossen sind, ermöglicht er das schnelle Auffinden des zweiten Leitungsanschlusses. Der Anschlußplan ist im Deckel des Verteilers oder im Leitungskanal des Flugzeuges untergebracht.

(Beispiel Abbildung 17.)

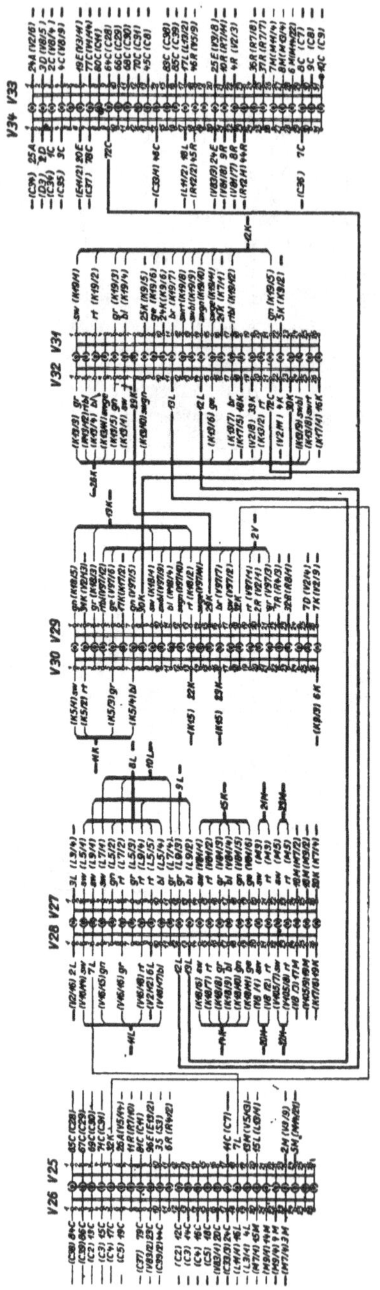

Abb. 17
Anschlußplan eines Hauptverteilers

3. Listen

Als Ergänzung zu den Schaltplänen werden Listen aufgestellt. Die Elt-Geräteliste (Eg-Liste) enthält sämtliche Elt-Ausrüstungsgeräte und sämtliche Elt-Leitungsgeräte des Flugzeuges. Eingetragen ist das Kennzeichen, die Benennung, das Anforderungszeichen und der Einbauort des Gerätes. Sämtliche Schaltpläne des Flugzeuges sind mit ihren Nummern und Änderungskennzeichen in der Eg-Liste aufgeführt. (Beispiel Abb. 18.)

Die Elt-Anschlußliste (Ea-Liste). Nach ihr werden die Leitungen angeschlossen und der richtige Anschluß der Leitungen nachgeprüft. Eingetragen ist das Kennzeichen und die Klemmenbezeichnung des anzuschließenden Gerätes, das Kennzeichen und die Halbzeug-Kurzzeichen der anzuschließenden Leitung und das Farb-Kurzzeichen der anzuschließenden Ader bei mehradrigen Leitungen.

4. Kennzeichnung der Elt-Geräte

Entsprechend diesen Schaltbildern, Plänen, Listen usw. werden auch im Flugzeug Geräte, Klemmen usw. einheitlich bezeichnet. Um diese Bezeichnungen übersichtlich zu gestalten, sind die einzelnen Anlagen eines Flugzeuges mit folgenden Kennbuchstaben versehen worden:

A) Stromversorgung und Verteilung
B) Anlaß- und Zündanlage
C) Beleuchtung
D) Heizung
E) Kraftantriebe für Flug- und Triebwerk
F) Funkanlagen
H) Verständigung an Bord
K) Selbsttätige Steuerung
L) Flugüberwachung und Navigation
M) Triebwerksüberwachung
N) Bildanlagen
T) Sonderanlagen
V) Mehrzweckgeräte und Mehrfachleitungen, die zu mehreren der vorstehend genannten Anlagen gehören (z. B. gemeinsame Verteiler).

Alle elektrischen Geräte und jedes einzelne Leitungsende werden nun mit einer Kennzeichnung versehen, die sich aus einem der Anlage entsprechenden Buchstaben und einer Zahl (Zahlen fortlaufend) zusammensetzt. Bei den Geräten wird der Buchstabe vorangestellt, bei den Leitungen die Zahl. Anfang und Ende einer Leitung erhalten die gleiche Kennzeichnung. Die Klemmen der einzelnen Geräte werden grundsätzlich von 1 beginnend fortlaufend benummert. Bei Mehrfachleitungen erhalten die einzelnen Adern außer der Leitungskennzeich-

	Kenn-zeichen	Benennung	Anforderungs-Zeichen	Einbauort	Be-merkungen
Spalte:	1	2	3	4	5
13 01					
02					
03	V1/2	Aufbau-Trennvert.	8-10.904-15	Schalttafel	
04	V3/4	Aufbau-Trennvert.	8-10.904-16	Schalttafel	
05	V5/6	Aufbau-Trennvert.	8-10.904-17	Schalttafel	
06	V7/8	Aufbau-Trennvert.	8-10.904-18	Schalttafel	
07					
08					
09	V15/16	Aufbau-Trennvert.	8-10.904-22	Schalttafel	
13 10					
11					
12	V23/24	Aufbau-Trennvert.	8-10.904-26	Schalttafel	
13					
14					
15	V25/26	Aufbau-Trennvert.	8-10.904-35	Hauptverteiler	
16	V27/28	Aufbau-Trennvert.	8-10.904-36	Hauptverteiler	
17	V29/30	Aufbau-Trennvert.	8-10.904-37	Hauptverteiler	
18	V31/32	Aufbau-Trennvert.	8-10.904-38	Hauptverteiler	
19	V33/34	Aufbau-Trennvert.	8-10.904-39	Hauptverteiler	
13 20					
21					
22	V35/36	Aufbau-Trennvert.	8-10.904-47	Gerätetisch	
23	V37/38	Aufbau-Trennvert.	8-10.904-48	Gerätetisch	
24					
25					
26	V43/44	Aufbau-Trennvert.	8-10.904-53	Gerätetisch	
27	V45/46	Aufbau-Trennvert.	8-10.904-54	Gerätetisch	
28	V47/48	Aufbau-Trennvert.	8-10.904-55	Gerätetisch	
29	V49/50	Aufbau-Trennvert.	8-10.904-56	Gerätetisch	
13 30					
31					
32	V 51	Aufbau-Verteiler	8-10.983-40	Hauptgerätetafel	
33	V 52	Aufbau-Verteiler	8-10.983-39	Hauptgerätetafel	
34					
35					
36	V55/56	Aufbau-Trennvert.	8-10.904-123	hinterer Bombenraum	
37	V57/58	Aufbau-Trennvert.	8-10.904-124	hinterer Bombenraum	
38					
39					
13 40	V59/60	Aufbau-Trennvert.	8-10.904-125	Rumpfende	
41					
42					
43	V61/62	Aufbau-Trennvert.	8-10.904-150	Tragfläche links	
44					
45					
46	V63/64	Aufbau-Trennvert.	8-10.904-151	Tragfläche rechts	
47	V65/66	Aufbau-Trennvert.	8-10.904-170	Tragfläche rechts	
48	V67/68	Aufbau-Trennvert.	8-10.904-171	Tragfläche rechts	
49					
50					
51	V69/70	Aufbau-Trennvert.	8-10.904-186	Motor links	
52					
53					
54	V69/70	Aufbau-Trennvert.	8-10.904-186	Motor rechts	
55					
56					
57					
58					
59					
60					
61					

Abb. 18
Elt-Geräteliste

nung eine Nummer, die mit der zugehörigen Anschlußklemme des Gerätes übereinstimmt. Hierdurch sollen Verwechslungen beim Austausch der Geräte vermieden werden. Die Kennzeichnung der Geräte wird über oder neben dem Gerät deutlich sichtbar angebracht, so daß beim Auswechseln von Geräten die Kennzeichnung bestehen bleibt. Die üblichen Arten der Kennzeichnung von Leitungen und einzelnen Adern werden im Zusammenhang mit den Leitungen beschrieben.

Es gehören zur

A-Anlage: Geräte und Leitungen, die zur Stromversorgung dienen einschließlich der zugehörigen Betätigungs- und Überwachungsgeräte.
Leitungen, die als Minusverteilung mehrerer Anlagen dienen, alle Plusleitungen bis zum Sicherungsgerät der einzelnen Anlage (das Sicherungsgerät selbst hat den Kennzeichenbuchstaben der abgesicherten Anlage).

B-Anlage: Geräte und Leitungen der Elt-Anlaß- und Zündanlage einschließlich der zugehörigen Betätigungs- und Überwachungsgeräte.

C-Anlage: Alle Beleuchtungsgeräte und Kennlichter, die zugehörigen Anschluß-Betätigungs- und Überwachungsgeräte und Leitungen.
Innenbeleuchtung von Ausrüstungsgeräten und zugehörige Geräte und Leitungen, wenn der Strom dem Gerät nur für Beleuchtungszwecke zugeführt wird.

D-Anlage: Elt-Heizungsgeräte, die zugehörigen Anschluß-Betätigungs- und Überwachungsgeräte und Leitungen.
Heizeinrichtung von Ausrüstungsgeräten und zugehörige Geräte und Leitungen, wenn der Strom dem Gerät nur für Heizzwecke zugeführt wird (z. B. heizbares Staurohr).

E-Anlage: Elt-Antriebe mit Leitungen und Betätigungsgeräte für Teile des Flug- und Triebwerkes, Behälterpumpen u. ä.
Elt-Überwachungs-, Anzeige- und Warngeräte mit Leitungen für Teile des Flug- oder Triebwerkes, Behälterpumpen u. ä., unabhängig davon, ob der Antrieb elektrisch, hydraulisch oder mechanisch ist.
Elektromagnetisch betätigte Ventile mit zugehörigen Geräten und Leitungen für die hydraulische Ausrüstung.

F-Anlage: Alle zur geschlossenen Funkanlage gehörenden Gerätesätze und Ausrüstungsgeräte einschließlich der zugehörigen Betätigungs- und Überwachungsgeräte und Leitungen; ferner Echolot und Elt-Höhenmesser.

H-Anlage: Optische und akustische Elt-Verständigungsanlage einschließlich der zugehörigen Betätigungs- und Überwachungsgeräte und Leitungen.

K-Anlage: In sich geschlossene Elt-Selbststeueranlagen einschließlich der zugehörigen Betätigungs- und Überwachungsgeräte und Leitungen.

L-Anlage: Elektrisch betätigte Flugüberwachungs- und Navigationsgeräte einschließlich der zugehörigen Betätigungs- und Überwachungsgeräte sowie Leitungen.

M-Anlage: Elt-Überwachungsmeßgeräte für das Triebwerk mit ihren Betätigungsgeräten und Leitungen.

N-Anlage: Elektrisch betätigte oder überwachte Bildanlagen einschließlich ihrer Leitungen.

P-Anlage: Elt-Betätigungs-, Ziel-, Auslöse- und Überwachungsgeräte von Schußwaffen einschließlich ihrer Leitungen.

R-Anlage: Elt-Betätigungs-. Ziel-, Auslöse- und Überwachungsgeräte von Abwurfwaffen einschließlich ihrer Leitungen.

S-Anlage: Elt-Zündergeräte von Abwurfwaffen einschließlich ihrer Leitungen.

T-Anlage: Elektrisch betätigte oder elektrisch überwachte Sonderanlagen einschließlich ihrer Leitungen.

V-Anlage: Elektrische Geräte, an denen Leitungen von verschiedenen Anlagen angeschlossen sind und Mehrfachleitungen, die Leitungen verschiedener Anlagen führen, sind mit dem Kennzeichenbuchstaben „V“ bezeichnet.

III. Stromversorgung

A. Geräte für Stromerzeugung

1. Verfahren

Die Stromerzeugung der ersten Flugzeuge lehnte sich stark an die im Kraftwagen bereits seit langem bewährten Anordnungen an. Es wurde ein Generator an einen Abtrieb des Antriebmotors angeschlossen. Die Spannung des Generators mußte wegen der schwankenden Drehzahl des Motors durch einen Regler geregelt werden. Dem Generator wurde ein Sammler parallel geschaltet. Im Anfang waren nur wenige Geräte vorhanden, die elektrische Leistung benötigten, im wesentlichen eigentlich nur die Beleuchtung und später der elektrische Anlasser. Die Leistungen von Generator und Sammler waren so bemessen, daß der Sammler imstande war, den elektrischen Anlasser zu versorgen und der Generator während des Fluges den Sammler wieder auflud sowie die geringe Anzahl der sonstigen Verbraucher speiste. Die Parallelarbeit von Generator und Sammler wurde durch die äußere Kennlinie des Generators bestimmt, die so abgestellt war, daß der Sammler ohne Vorhandensein anderer Verbraucher in einer bestimmten Zeit wieder voll aufgeladen werden konnte. Eine Überlastung des Generators oder die Ladung mit zu hohem Strom bei leerem Sammler wurde durch entsprechendes Absinken der Spannung des Generators mit seiner Belastung erzielt. Das Schaubild (Abb. 19) zeigt eine solche äußere Kennlinie (a) mit den

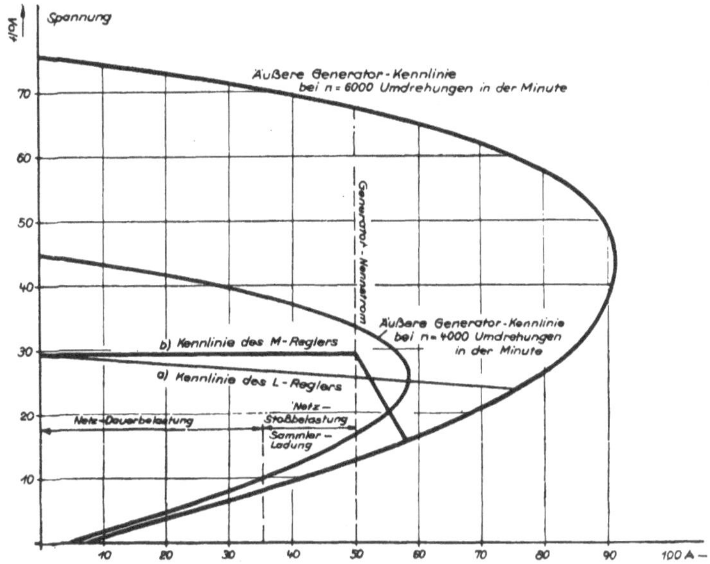

Abb. 19
Generatorkennlinien

Spannungsdaten. Die Erfahrung lehrte, daß der Ladezustand des Sammlers sich bei diesem Betrieb durchschnittlich auf genügender Höhe hielt.

Bei der Vielheit von Verbrauchern elektrischer Leistung, wie wir sie heute im Flugzeug haben, genügt dieses Verfahren nicht mehr den Ansprüchen. Der Sammler ist in seiner Leistung wenig gesteigert worden. Die Generatorenleistung ist jedoch bis heute bei gleicher Größe der Flugzeuge bis zum 10fachen gestiegen. Es sind heute im Flugzeug so viele Verbraucher vorhanden, die dauernd elektrische Leistung benötigen, daß die Generatorenleistung zu $\frac{1}{2}$ bis $\frac{3}{4}$ ausschließlich diesen Verbrauchern zur Verfügung stehen muß. Aus dem Schaubild nach Abb. 19 ergibt sich, daß sich bei einer derartigen Vorbelastung der Generatoren durch das Netz eine Spannungslage von etwa 26 V einstellt, die nicht mehr ausreicht, um den Sammler voll aufzuladen.

Die Kennlinie der Generatoren wurde daraufhin in die Form b nach Abb. 19 abgeändert. Auf Grund eingehender Versuche wurde eine Spannungslage bestimmt, die einmal bei leerem Sammler keine zu hohen Ladeströme zur Folge hatte, andererseits jedoch die Gewähr gab, daß der Sammler noch in genügend kurzer Zeit wieder aufgeladen wurde. Als Richtwert galt die Wiederaufladung des leeren Sammlers in längstens einer Stunde. Nachdem es gelungen war, den Generator durch ein Abknicken der Kennlinie bei Nennleistung vor schädlicher Überlastung zu schützen, haben wir bei diesem Verfahren den gewünschten Zustand, daß derjenige Teil der Generatorleistung, der von den Verbrauchern nicht in Anspruch genommen wird, voll dem Sammler mit jederzeit genügender Spannung zur Aufladung angeboten wird.

Für die Parallelarbeit von Generatoren und Sammler gilt demnach das Schaubild nach Abb. 20. Nach links ist der Strom des Sammlers

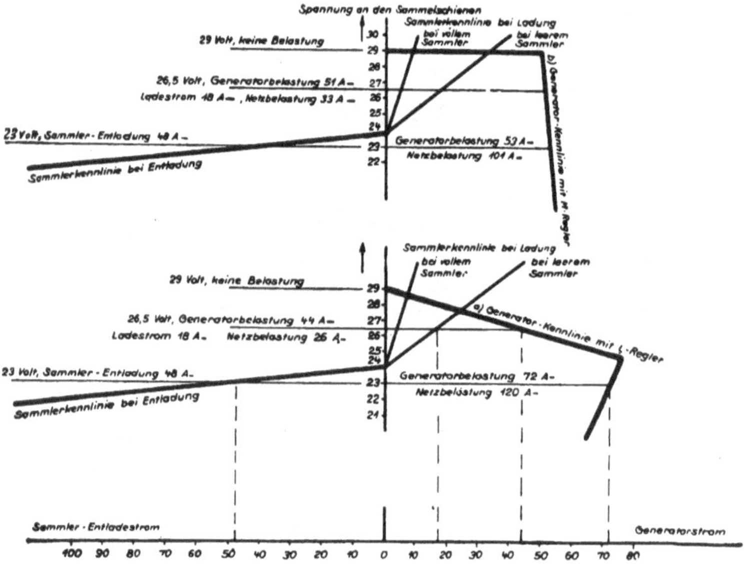

Abb. 20
Kennlinien für die Zusammenarbeit von Generator und Sammler

und nach rechts der Strom des Generators aufgetragen. Die Generator-Kennlinie ist einmal für das alte Verfahren, also Spannung mit der Leistung abfallend, und einmal nach dem neuen Verfahren mit konstanter Spannung aufgetragen. Die Lastverteilung ist aus dem Schaubild ohne weiteres erkennbar.

Durch diese Verfahren, die heute noch beide vorzufinden sind, ist die Spannungslage an der Sammelschiene begründet. Die Betriebsspannung bei abfallender Kennlinie kann theoretisch bis zu 31 V aufsteigen. Praktisch werden Sammlerladung und andere Verbraucher in der Regel einen um mehrere Volt niedriger liegenden Wert nicht überschreiten lassen. Bei dem Verfahren mit konstanter Spannung ist die Spannungslage während des normalen Fluges immer 29 V, wobei allerdings Spannungsabweichungen von $\pm$ ½ V zugelassen sind. Die untere Grenze der möglichen Betriebsspannungen ist gegeben durch die Daten des Sammlers, der in Ruhestellung etwa 24 V und bei Belastung (infolge des inneren Widerstandes) etwa 23 V Klemmenspannung hat. Für die an das Bordnetz angeschlossenen Verbraucher ist, wie bereits erwähnt, nach Berücksichtigung des Spannungsabfalles der Zuleitung eine Betriebsspannung in den Grenzen von 22 bis 29 V möglich.

Es sind noch andere Arbeitsweisen bekannt, z. B. mit einer dritten Bürste und konstanter Stromabgabe des Generators. Auf diese Verfahren soll hier nicht weiter eingegangen werden, da sie in der deutschen Luftfahrt nicht eingeführt sind.

Die Netzspannung war ursprünglich 6 V, dann 12 V. Die Steigerung der Leistungen machte dann den Übergang auf 24 V Nennspannung ganz allgemein erforderlich.

2. Generatoren

Es gibt verschiedene Möglichkeiten, die Generatoren an Bord anzutreiben. Die älteste und heute nicht mehr gebräuchliche ist der Luftschraubenantrieb durch den Fahrtwind (Abb. 21). Nachteile waren hohes Gewicht durch den umständlichen Anbau, sehr schlechter Wirkungsgrad, Störung der ärodynamischen Verhältnisse und Versagen in größerer Höhe infolge Vereisung. Die heute ganz allgemein übliche Form des A n t r i e b e s ist der Anschluß an einen Abtrieb des Flugmotors (Abb. 22). Seltener ist der Antrieb durch einen eigenen Benzin- oder Dieselmotor; er findet sich insbesondere bei großen Seeflugzeugen.

Abb. 21
Generator mit Luftschraubenantrieb

Trotz der Drehzahlschwankungen des Triebwerkmotors muß der Generator innerhalb eines bestimmten D r e h z a h l b e r e i c h e s seine volle Leistung hergeben. Übliche Drehzahlarbeitsbereiche sind 2250 bis 4500 bei älteren und 4000 bis 6000 U/min bei neueren Generatoren. Kurzzeitig, z. B. für den Sturzflug, ist dann noch die um etwa 20% über der oberen Grenze liegende Sturzflugdrehzahl zulässig. Die Reisedrehzahl wird im Fluge unter Umständen unterschritten, wenn mit gedrosselten Motoren geflogen wird, z. B. bei der Landung. Da

Abb. 22
Generator mit Antrieb vom Triebwerk (man beachte die Kühlluftzu- und Kühlluftabfuhr)

diese Zeiten jedoch nur sehr kurz sind, wird auf die Erfassung dieser Drehzahlbereiche verzichtet, um Gewicht und Raum am Generator zu sparen.

Die Luftfahrtgeneratoren sind in ihrem elektrischen Aufbau selbsterregende Nebenschlußmaschinen. Das Schaubild Abb. 19 läßt die Drehzahl und Leistungsverhältnisse erkennen. Es sind die Kennlinien bei niedrigster und höchster Betriebsdrehzahl aufgetragen. Die durch den Regler erzeugte Kennlinie muß nun so liegen, daß der Punkt Nennspannung bei Nennstrom noch von der Kennlinie bei niedrigster Betriebsdrehzahl gedeckt wird. Man kann erreichen, daß die äußere Kennlinie eines Nebenschlußgenerators sehr weit auslädt, aber bei einem niedrigen Spannungswert anfängt („harte" Maschinen). Man kann aber auch erreichen, daß die Kurve bei einem hohen Spannungswert anfängt, jedoch nur bis kurz hinter den Netzstromwert reicht („weiche" Maschine). Diese letztere Form hat den Vorzug, daß der Generator sich bereits bei niedriger Drehzahl sicher erregt und daß unterhalb der niedrigsten Betriebsdrehzahl jedenfalls noch ein Teil der Leistung abgegeben werden kann. Dieser Ausführung entsprechen die heutigen Generatoren. Schaubild Abb. 23 zeigt die Spannungskurve eines Generators in Abhängigkeit von der Drehzahl.

Die Ein- und Ausschaltpunkte des Reglerschalters und die dazu gehörigen Drehzahlen sind erkennbar.

Die Steigerung der Netzleistung an Bord der heutigen Flugzeuge hat eine mit allen Mitteln versuchte Erhöhung der Generatorenleistung

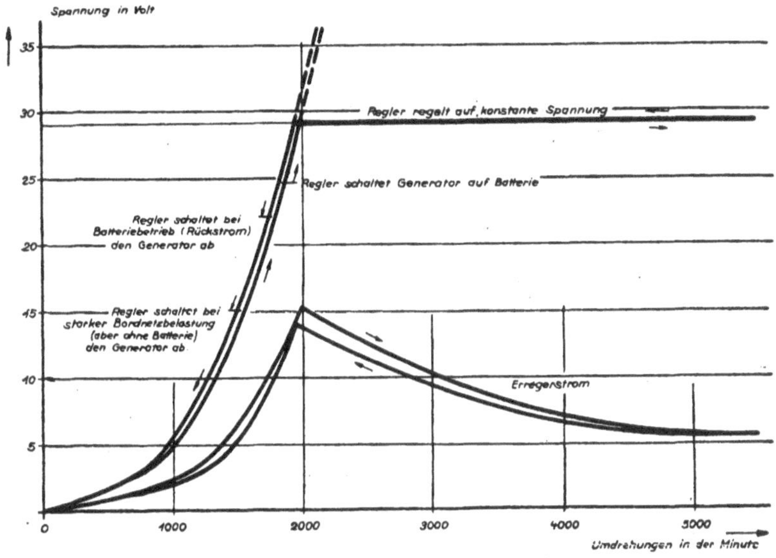

Abb. 23
Spannungskurve eines geregelten Generators in Abhängigkeit von der Drehzahl

zur Folge gehabt. Die hauptsächlichen angewandten Maßnahmen sind erstens eine Steigerung der Drehzahl um rund 50% und zweitens eine Kühlung des Kollektors und Bürstenapparats durch einen von außen hergeleiteten Kühlluftstrom. Die dadurch erreichte Leistungsteigerung beträgt durchschnittlich das Vierfache.

Abb. 24
Ansicht eines Generators

Abb. 24 und 25 zeigen den k o n s t r u k t i v e n A u f b a u eines Generators in Ansicht und Schnitt. Zur B e f e s t i g u n g d e s G e n e r a t o r s dient durchweg ein Vierlochflansch nach SAE-Norm. Eine Normung der Drehrichtungen ist noch nicht durchführbar gewesen. Von jedem Generatorenmuster ist ein rechtslaufender und ein linkslaufender Generator vorhanden. Auf den Drehrichtungspfeil, der auf dem Gehäuse angebracht ist, muß daher

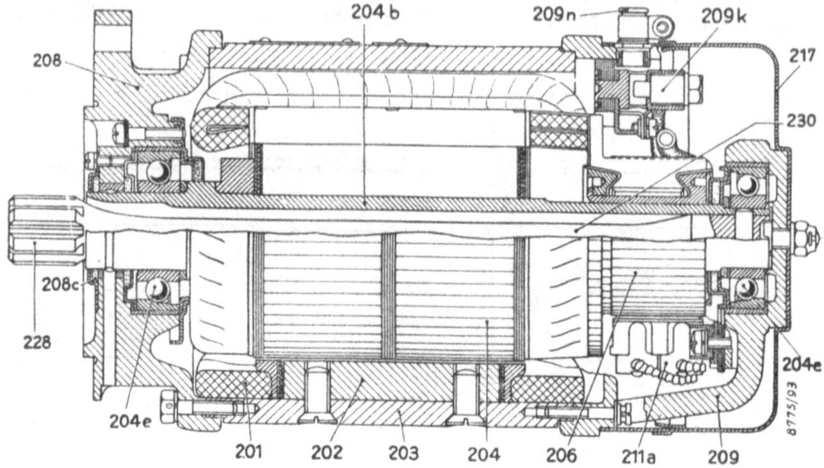

201 = Erregerwicklung	204e = Kugellager	209k = Anschlußklemme
202 = Polschuh	206 = Kollektor	209n = Leitungsstutzen
203 = Polgehäuse	208 = Antriebslagerplatte	211a = Kohlebürsten
204 = Anker	208c = Dichtung	217 = Schutzkapsel
204b = Ankerwelle	209 = Kollektorlagerplatte	228 = Steckachse
		230 = Torsionswelle

Abb. 25. Generator im Schnitt

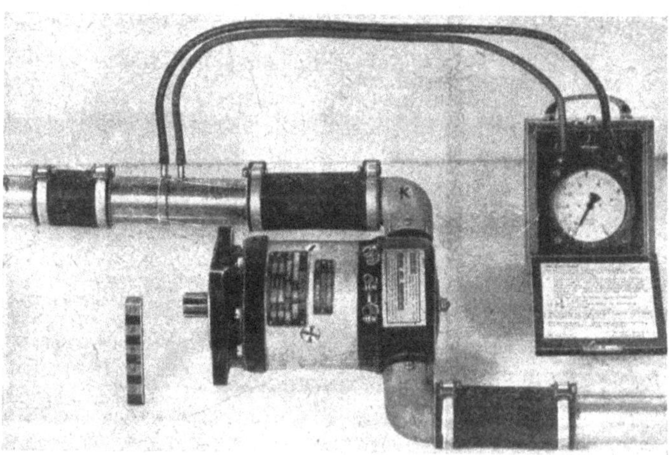

Abb. 26
Generator mit angeschlossenen Kühlrohren und einer Meßvorrichtung für die Kühlluftmenge

beim Einbau sehr sorgfältig geachtet werden. Ein falsch gewählter Generator erregt sich nicht und liefert keine Leistung.

Bei den schnellaufenden Generatoren treten zwei konstruktive Maßnahmen hervor. Das Trägheitsmoment des Ankers hat bei den auftretenden hohen Drehzahlbeschleunigungen eine starke Beanspruchung der Steckkupplung und der beiderseitigen Wellen zur Folge. Verstanden sind hierunter schnelles Gasgeben und plötzliches Abstellen, ferner die Drehschwingungen, die mehr oder

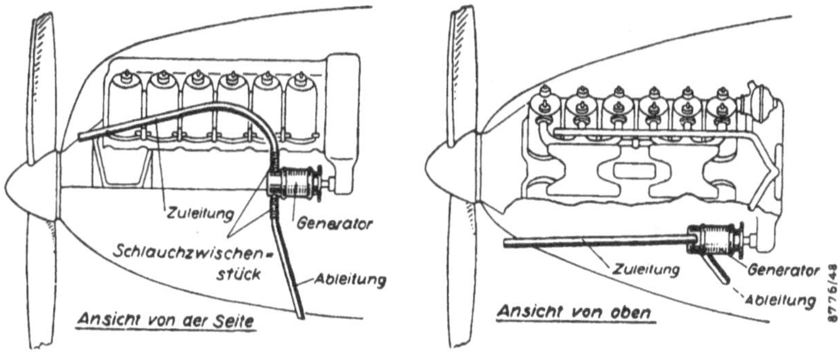

Abb. 27
Einbau der Generatorkühlung am Reihenmotor

weniger jeder Motor hat. Diese Schwierigkeit wird umgangen durch die Wahl einer Torsionswelle, die in die hohle Welle des Ankers hineingesteckt ist und die zu übertragenden Stoßdrehmomente auffängt. (Teil 230 in Abb. 25.)

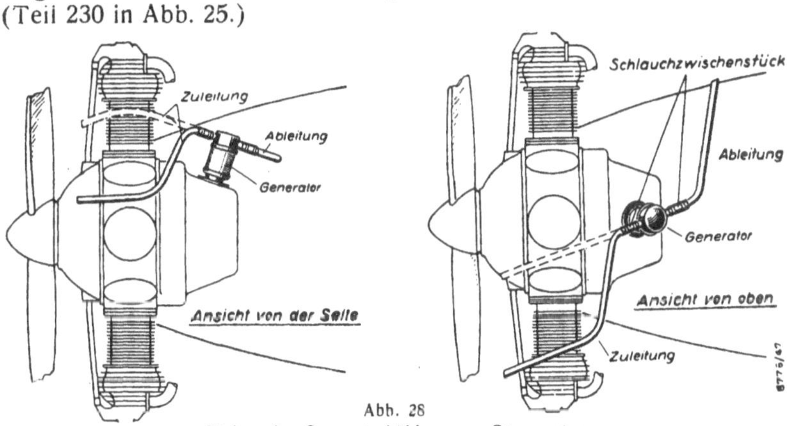

Abb. 28
Einbau der Generatorkühlung am Sternmotor

Für die innere Kühlung am Kollektor und Bürstenapparat wird ein Luftstrom aus dem Fahrtwind entnommen und über ein Rohr dem Generator zugeführt. Beim Einbau muß man darauf achten, daß das Zuluftrohr beim Stand des Flugzeuges am Boden so geneigt ist, daß kein Regenwasser hineinlaufen kann. Während des Fluges schadet eindringende Feuchtigkeit dem Generator nicht.

Zur Messung des Kühlluftstromes (Luftmenge und Luftgeschwindigkeit) wird der Luftmengenmesser (Abb.26) in die Rohrleitung eingesetzt.

Zur Fernhaltung von Erschütterungen werden die Kühlluftrohre mit dem Generator über Gummischläuche verbunden. Die Kühlluftmenge muß 30 l/sec für schnellaufende Generatoren betragen. Den richtigen Einbau der Kühlrohre veranschaulicht die Abb. 27 und 28.

Zusammenstellung der hauptsächlichen technischen Daten der heute gebräuchlichen Generatoren

Baumuster	Antriebsart	Normaler Drehzahlbereich U/min	Nennspannung V	Nennleistung W
LE 100/12	Triebwerk	2250—4000	12	100
LJ 250/12	„	2250—4000	12	250
LK 400/12	„	2250—4000	12	400
LK 400/24	„	2250—4000	24	400
LE 300/12	„	4000—6000	12	375
LJ 600/24	„	4000—6000	24	750
LJ 1000/24	„	4000—6000	24	1000
LK 1200/24	„	4000—6000	24	1500
LK 2000/24	„	4000—6000	24	2000

3. Regler

Der Regler hat die Aufgabe, die geforderte Spannungslage zu erwirken. Betrachten wir das Schaubild (Abb. 19), so entnehmen wir, daß der Regler aus der ungeregelten Kennlinie des Nebenschlußgenerators den über der geregelten Kennlinie liegenden Teil abzuschneiden hat. Dieser darüberliegende Teil ändert nun seine Form mit der Drehzahl des Generators, und zwar bei plötzlichen Drehzahländerungen unter Umständen sehr schnell. Es mußte also ein Regelverfahren gefunden werden, das einmal diese Kennlinie mit der genügenden Genauigkeit erreicht und zum anderen auf Drehzahlschwankungen genügend schnell anspricht.

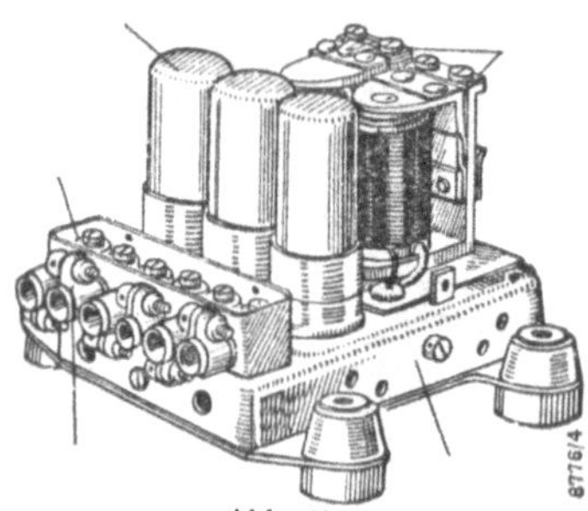

Abb. 29
Regler mit abgenommenem Deckel und Entstörkondensatoren

Das Regelverfahren nach dem Tirillsystem ist allgemein bewährt. Die Ansicht eines Reglers nach dem Tirillsystem zeigt Abb. 29. Er arbeitet im Prinzip in der Weise, daß ein Widerstand vor der Feldwicklung zu- und abgeschaltet wird. Dieser Widerstand ist so bemessen, daß er bei höchster Drehzahl die entsprechende Spannungsminderung noch durchzusetzen vermag. Durch einen Kontakt, der sich etwa 100mal in der Sekunde schließt und öffnet, wird der Feldwiderstand so aus- und eingeschaltet, daß er während einer solchen einzelnen Ein- und Ausschaltperiode — also während dieser etwa $^1/_{100}$ sec — längere oder kürzere Zeit eingeschaltet wird. In dem einen Grenzfall, nämlich bei höchster Drehzahl und Leerlauf, ist er fast dauernd voll eingeschaltet, während er im anderen Grenzfall, nämlich bei niedriger Drehzahl, fast dauernd ausgeschaltet ist. Die mehr oder weniger langen Stromimpulse werden jetzt durch die Speicherwirkung des magnetischen Feldes im Generator geglättet und wirken sich in der Regelung der Höhe des Erregerstromes aus.

In den Abb. 30 und 31 ist die Wirkungsweise eines L-Reglers (abfallende Spannung) gezeigt. Es ist hier ein Boschregler in seiner grundsätzlichen Zusammenschaltung mit Sammelschiene und Generator dargestellt. Neben den einzelnen Kontakten sind die Wicklungen eingetragen, die auf dem magnetischen System angebracht sind und diesen Kontakt betätigen oder beeinflussen. Der Schnellregelkontakt Rk 1 und Rk 2 wird geöffnet und geschlossen durch die magnetische Einwirkung des Systems Mg 1 auf den Anker Ra. Die Erregung dieses Systems erfolgt durch die Wicklung Re. Wird der Anker Ra jetzt angezogen, dann öffnen sich die Kontakte Rk 1 und Rk 2; die Spannung an der Wicklung Re wird erhöht, und der Anker wird wieder angezogen, die Kontakte öffnen sich wieder. Die Wicklung Re hat in dieser Schaltung die Wirkungsweise einer „Zitterspule". Die Kontakte Rk 1 und Rk 2 werden mit einer Frequenz von etwa 100 je Sekunde geöffnet und geschlossen. Sie schließen jeweils den Widerstand Wd kurz und legen, je nach Höhe der Spannung an Re, mehr oder weniger lange die Feldwicklung Le an die volle Spannung.

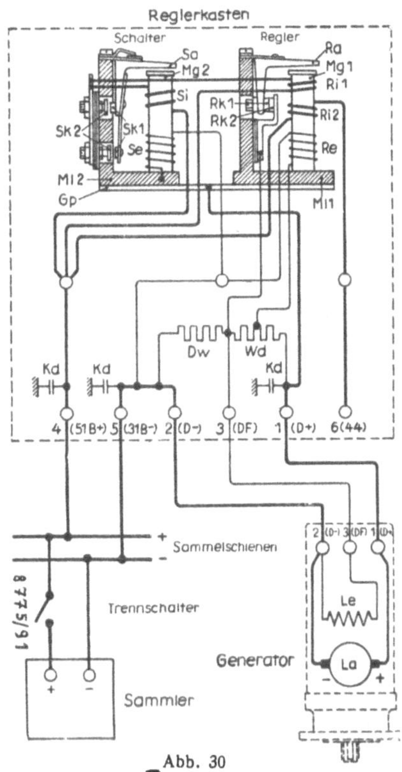

Abb. 30
L-Regler mit Schaltung im Schnitt

Soll jetzt eine mit zunehmendem Strom abfallende Spannungslage erzielt werden, dann muß auf das magnetische System Mg 1 noch eine

Stromwicklung Ri 1 aufgebracht werden, die noch zusätzliche Amperewindungen und damit eine Verstärkung der Spannungswicklung Re bringt.

In den Abbildungen ist außerdem noch eine Wicklung Ri 2 aufgetragen, die — mit einer gleichen Wicklung eines anderen Reglers

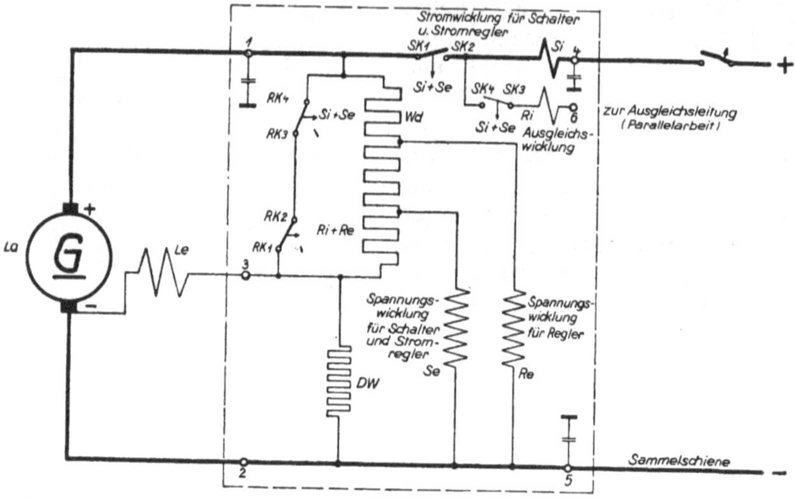

Abb. 31
Stromlaufplan des L-Reglers

verbunden — eine Kopplung dieser beiden Generatoren für die Parallelarbeit ermöglicht. Der über die Spulen Ri 1 und Ri 2 fließende Ausgleichsstrom ist bestimmt durch den Unterschied der Spannungsabfälle zwischen den Reglern und der Sammelschiene. Sind die Belastungsströme der beiden Generatoren gleich, dann sind bei gleichen Zuleitungswiderständen auch die Spannungsabfälle gleich. Man muß also hierbei darauf achten, daß in den Zuleitungen der beiden Generatoren vom Regler ab bis zur Sammelschiene völlige Gleichheit herrscht.

Außerdem ist zu beachten: Nur Regler gleicher Type parallel schalten!

Das zweite in den Abb. 30 und 31 gezeigte magnetische System Mg 2 stellt einen spannungsabhängigen Schalter dar. Die Kontakte Sk 1 und Sk 2 werden erst geschlossen, nachdem die Klemmenspannung des Generators einen solchen Wert erreicht hat, daß kein Rückstrom vom Sammler her eintritt. Die Stromwicklung Si vermeidet das Ausschalten unter hoher Belastung, indem sie den Schalter so lange geschlossen hält, bis der Belastungsstrom wieder zurückgegangen ist. Zweck dieser Wicklung ist, die Kontakte vor zu hohem Abbrand zu schützen.

Die Wirkungsweise des M-Reglers (Abb. 32 und 33). Die in Abb. 19 beschriebene und heute allgemein angestrebte waagerechte Spannungslage hat zur Entwicklung des Musters M geführt.

Der Aufbau des M-Reglers ist dem des L-Reglers ähnlich. Fortgefallen ist die Stromwicklung Ri 1, wodurch die stromunabhängige waagerechte Spannungslage erreicht wurde. Zusätzlich wurde ein drittes magnetisches System angeordnet, das ein weiteres Kontaktpaar Rk 3 und Rk 4 zur Regelung des Feldstromes enthält. Beide Kontaktpaare sind hintereinander geschaltet. Die Wicklung Se bewirkt wiederum das Zittern des Ankers Ra 2, aber erst dann, wenn der Belastungsstrom der Wicklung Si den Nennstromwert erreicht hat. Dadurch wird das Abknicken der Kennlinie erreicht.

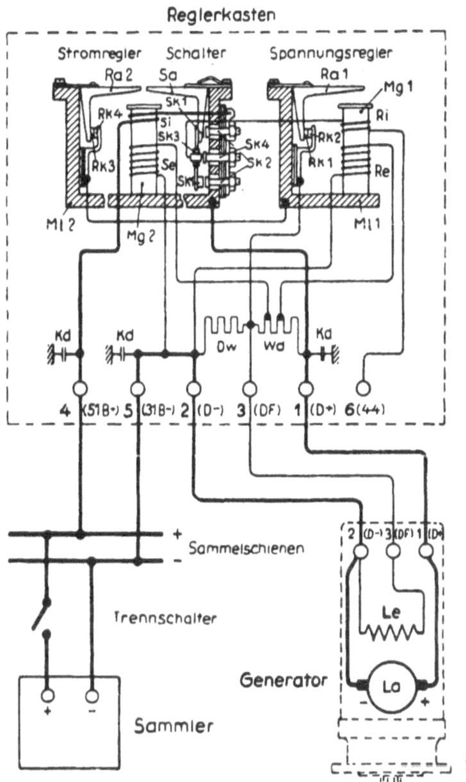

Abb. 32
M-Regler mit Schaltung im Schnitt

Durch die Anbringung der Kontakte Sk 3 und Sk 4 wird bei Störung in der Parallelarbeit von mehreren Generatoren bewirkt, daß die gesunden Generatoren vermöge der Ausgleichwirkung nicht beeinflußt werden.

Durch den Regler werden Störspannungen erzeugt, die der Frequenz der Regelkontakte entsprechen, also niederfrequenter Natur sind, außerdem hochfrequente Störspannungen, die durch das Arbeiten der Regelkontakte ausgelöst werden. Zur Beschränkung dieser Störspannungen auf das vorgeschriebene Maß mußten Entstörkondensatoren eingebaut werden. Das Gehäuse wurde sehr sorgfältig mit Masse verbunden (Abb. 29). Während es gelungen ist, die Stromwege vom Ausgang aus dem Regler her genügend zu entstören, führen die Verbindungsleitungen vom Regler zum Generator derartig hohe Störspannungen, daß hier nur eine völlige Schirmung und saubere Abbindung dieser geschirmten Leitungen auch im Leitungsschacht Abhilfe schafft.

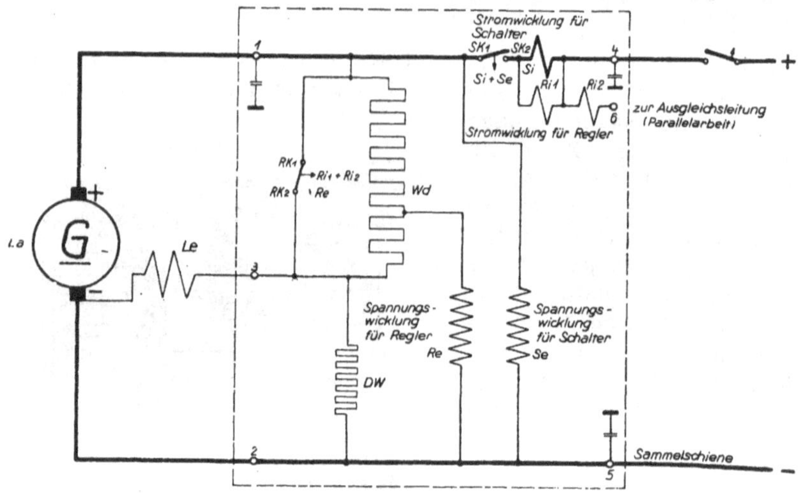

Abb. 33
Stromlaufplan des M-Reglers

Beim Einbau des Reglers ist zu beachten, daß der Regler die vorgeschriebene Spannung an seinen Ausgangsklemmen hält. Generator und Regler sind unter Zugrundelegung einer bestimmten Höchstentfernung aufeinander abgestimmt. 15 m zwischen Generator und Regler sollen nicht überschritten werden.

Bei Parallelschaltung von Generatoren ist ein bestimmter Mindestwiderstand der Leitungen vom Generator bis zur Sammelschiene notwendig. Der Spannungsabfall muß hierbei kleiner als 2% sein.

4. Der Bleisammler

Die Aufgabe des Bordnetzsammlers ist, den elektrischen Anlasser des Flugmotors mit Strom zu versorgen, die Belastungsspitzen im Pufferbetrieb zu decken und bei Ausfall der Generatoren kurzseitig die gesamte Belastung des Netzes zu übernehmen. Die Ladung soll unter möglichst voller Ausnutzung der hierfür zur Verfügung stehenden Generatorenleistung in kürzester Zeit erfolgen. Entsprechend diesen Anforderungen mußte die Wahl auf einen Sammler mit geringstem innerem Widerstand und demgemäß großer Plattenoberfläche fallen. Für diesen Zweck hat sich bisher ausschließlich der Bleisammler eingeführt.

Die *technischen Daten* der gebräuchlichsten Sammler sind in folgender Tabelle zusammengestellt:

Baumuster	Spannung V	Leistung 10 stg. ah	Ladestrom b. Aufladung außerhalb d. Flugzeuges A	Zum Anlassen geeignet
Varta 3 Fl 2	6	7,5	1,0	
„ 6 Fl 2	12	7,5	1,0	
„ 6 A 2	12	15	1,5	
„ 6 DL 4	12	30	3,0	+
„ 6 DL 6	12	45	4,5	+
„ 12 FL 2	24	7,5	1,0	
„ 12 GL 3	24	20	2,0	+

Abb. 34 und 35 zeigen einen zum Anlassen des Triebwerkmotors geeigneten Sammler in geöffnetem Zustand und in der Ansicht.

Die Wirkungsweise des Bleisammlers. Die wirksame Masse der beiden Platten in geladenem Zustande ist *Blei* (negative Platte) und *Bleidioxyd* (positive Platte). Der Elektrolyt ist *verdünnte Schwefelsäure.*

Beim *Entladen* geht das Blei an der negativen Platte in Bleisulfat über, das Bleidioxyd an der positiven Platte ebenfalls. Bei diesem Vorgang wird ein Teil der Schwefelsäure in den Platten ge-

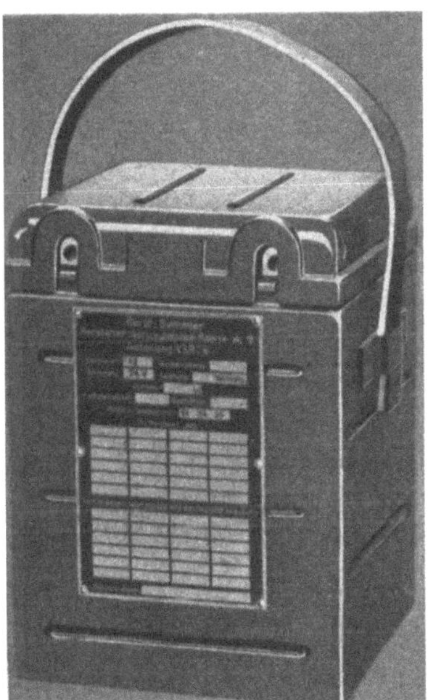

Abb. 34
Kippsicherer Flugzeugsammler

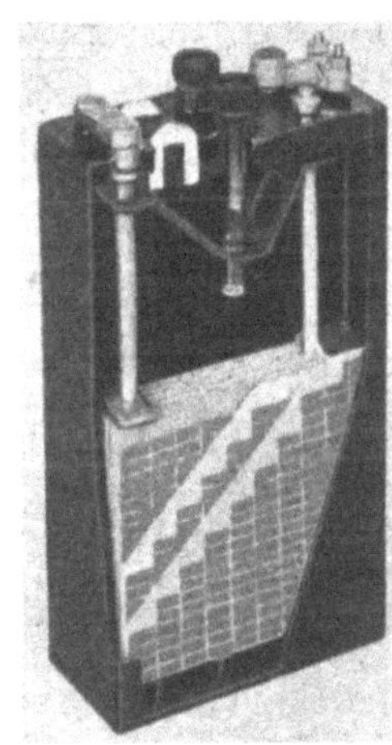

Abb. 35
Kippsicherer Flugzeugsammler mit Schauglas im Schnitt

bunden. Die Dichte der verdünnten Schwefelsäure sinkt. Wird die Dichte in der verdünnten Schwefelsäure bei Ladung und Entladung in den gleichen Grenzen (bei diesen Sammlern zwischen 1,15 und 1,285) und die Schwefelsäuremenge auf gleicher Höhe gehalten, dann ist die Dichte der Säure ein Maß für den Ladezustand.

Beim L a d e n wird an der negativen Platte aus dem Bleisulfat wieder Blei, an der positiven Platte wieder Bleidioxyd, die Platten geben gleichzeitig ihre Schwefelsäure an den Elektrolyten ab, dessen Dichte steigt.

Im geladenen Zustand sieht die negative Platte silberhell und die positive Platte dunkelbraun, im entladenen Zustand sieht die negative Platte schmutziggrau aus, während die positive Platte sich bei übermäßiger Sulfatierung von dunkelbraun in fuchsigrot verfärbt.

D e r A u f b a u d e r P l a t t e n. Die positiven und negativen Platten des Sammlers werden als B l e i g i t t e r hergestellt, die mit

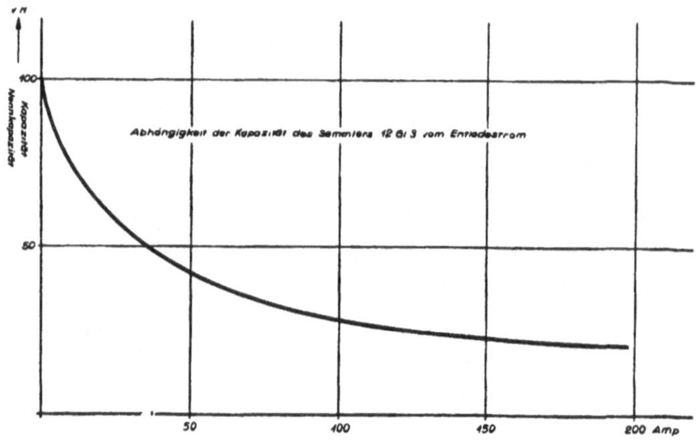

Abb. 36
Abhängigkeit der Sammlerkapazität vom Entladestrom

der einer porösen aktiven M a s s e ausgefüllt werden. Das Gitter aus massivem Blei wird so dünn hergestellt, wie es mechanische Haltbarkeit und Stromleitung zulassen.

Da die Umsetzung der Platte außen beginnt und ins Innere vordringt, wirkt sie sich in einer Abhängigkeit der Kapazität vom Strom aus. E i n h o h e r S t r o m s e t z t d i e O b e r f l ä c h e d e r P l a t t e r a s c h u m. D a s I n n e r e k o m m t d a n n f ü r d i e n u t z b a r e K a p a z i t ä t k a u m n o c h i n B e t r a c h t. Bei einem geringen Strom geht dieser Vorgang so langsam vor sich, daß die inneren Teile der Platten gleichmäßig mit herangezogen werden.

D e r A u f b a u v o n A n l a s s e r s a m m l e r n. Für die Entnahme h o h e r S t r ö m e ist ein Sammler geeignet, der v i e l e dünne Platten und damit eine größere aktive Oberfläche, einen geringen Abstand der Platten und damit einen geringen inneren Widerstand besitzt.

Zum Unterschied vom Flugzeugsammler besitzt beispielsweise der Sammler in Fernsprechbetrieben (geringer Strom in langer Zeit) wenige aber entsprechend dicke Platten (Masseplattensammler gegenüber Großoberflächensammler im Flugzeug).

Das Schaubild (Abb. 36) zeigt die Abhängigkeit der Kapazität vom Entladestrom für den Sammler 12 GL 3.

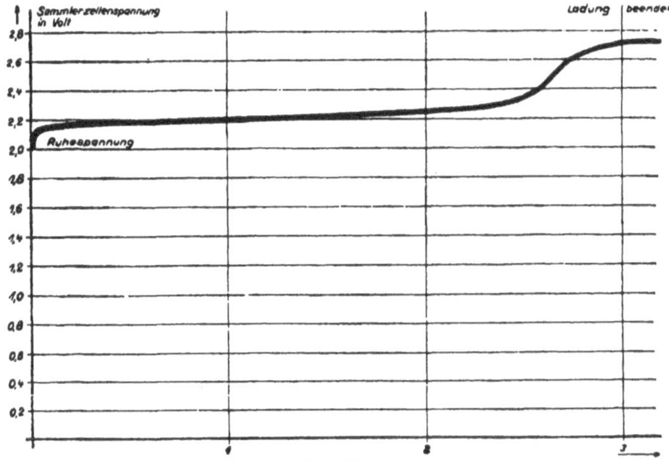

Abb. 37

Abhängigkeit der Ladespannung eines Bleisammlers von der Ladezeit

Hieraus ist zu entnehmen, daß die Kapazität bei einer Stromstärke, die etwa dem Mittelwert einer Reihe von Anlaßvorgängen entspricht, nur etwa ⅓ der Kapazität bei dem sehr kleinen 10-Stundenstrom ausmacht.

Die Ruhespannung des Sammlers je Zelle beträgt etwa 2 V. Beim Aufladen steigt die Spannung langsam auf 2,4 V und ganz zum Schluß dann weiter bis auf 2,7 V (Abb. 37).

Das Schaubild (Abb. 38) zeigt den Verlauf der Ladung an Bord des Flugzeuges mit L- und M-Regler ohne Einschaltung der Stromverbraucher.

Der Ladezustand und damit auch die Säuredichte bestimmen beim Entladen die Neigung der äußeren Kennlinie (Klemmenspannung in Abhängigkeit vom Belastungsstrom).

Das Schaubild (Abb. 39) zeigt die äußere Kennlinie für den vollgeladenen Sammler 6 DL 6. Die Kurve schneidet die Waagerechte des Achsenkreuzes bei etwa 1500 A. Bei sattem Kurzschluß des Sammlers würde sich dieser Strom einstellen. Die Neigung dieser Kurve ändert sich von 100 bis zu etwa 25 v. H. der Ladung herunter nur wenig, um dann rasch abzufallen.

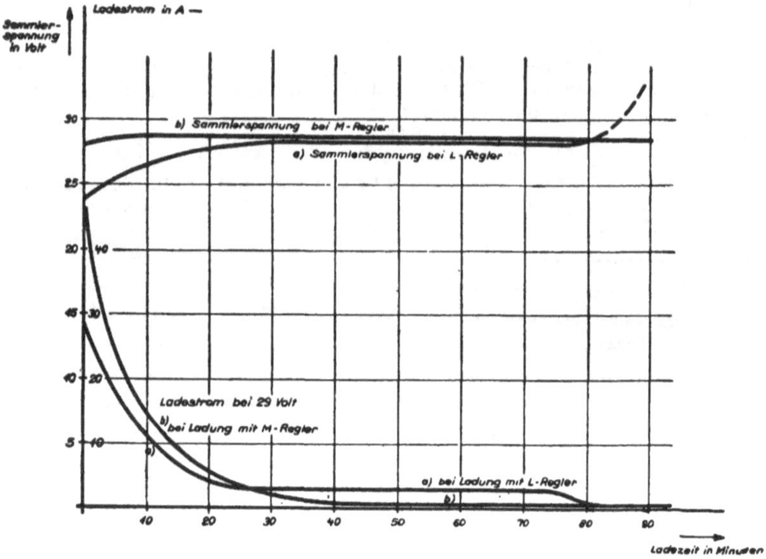

Abb. 38
Sammlerspannung und Strom beim Ladevorgang eines Bleisammlers mit L- und M-Regler

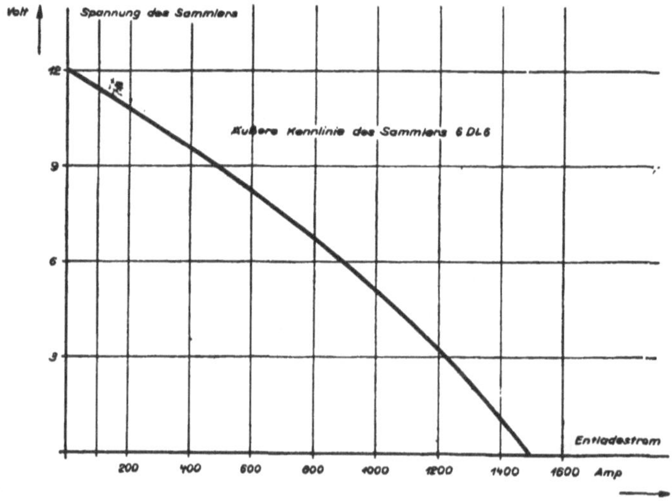

Abb. 39
Äußere Kennlinie eines Bleisammlers

Die **Kapazitätsmessung** erfolgt durch **Messung der Säuredichte** mit Hilfe eines Säuredichtemessers (Abb. 40). Bei einem entladenen Sammler beträgt die Säuredichte 1,15 g/cm³, bei einem geladenen Sammler 1,285 g/cm³. Oder sie erfolgt durch Einschalten eines **Belastungswiderstandes** und gleichzeitige Ablesung der Klemmenspannung (z. B. durch den sogen. Elementprüfer).

Abb. 40
Pipette zur Messung der Säuredichte im Bleisammler

Die Kapazität ist abhängig von der Temperatur (Abb. 41). Da der Elektrolyt bei Temperaturen unter 0° C zähflüssig wird, wird sein Eindringen in das Platteninnere verlangsamt. Hierdurch fällt die Spannung bei hoher Belastung stärker ab. Der Sammler kann deshalb z. B. die zum Anlassen benötigte große Stromstärke nicht mehr hergeben.

Der Bleisammler ist nur **begrenzt lagerfähig**. Um einen stets betriebsbereiten Sammler mit voller Kapazität zur Verfügung zu haben, muß für regelmäßige Ladung und Entladung gesorgt werden. — Andernfalls erhärten (sulfatieren) die Platten und damit sinkt die Kapazität.

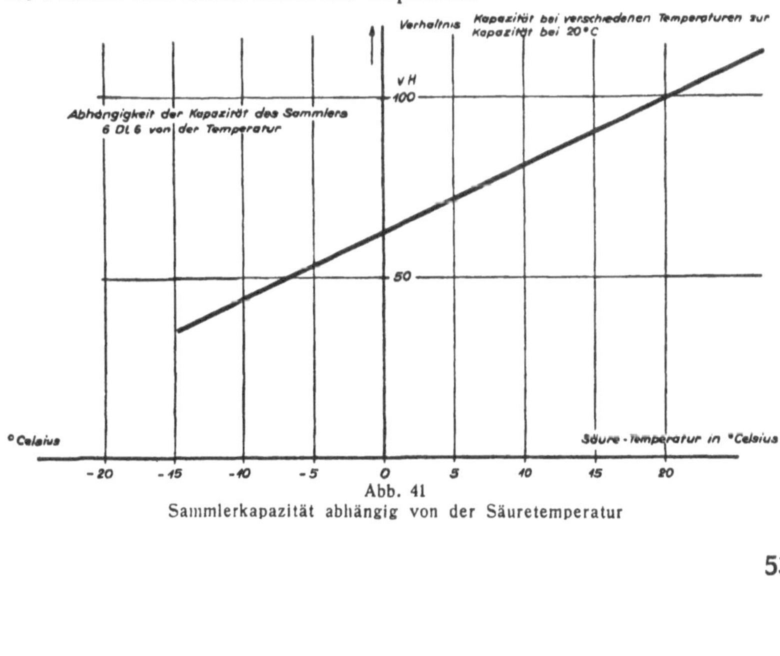

Abb. 41
Sammlerkapazität abhängig von der Säuretemperatur

In allen Lagen des Flugzeuges (Sturz- und Kunstflug) muß das Auslaufen von Säure aus dem Sammler sicher vermieden

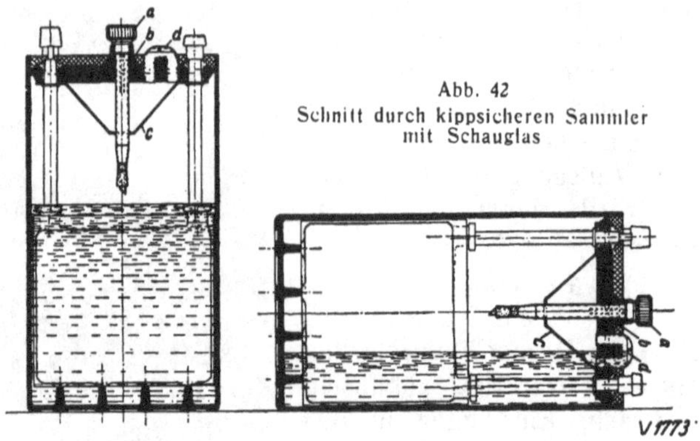

Abb. 42
Schnitt durch kippsicheren Sammler mit Schauglas

werden. Anfressungen von Flugzeugzelle und -geräten können schwerwiegende Folgen haben.

Die Kippsicherheit wurde erreicht durch den großen Raum zwischen Plattenoberkante und Deckel (siehe Abb. 34 und 35).

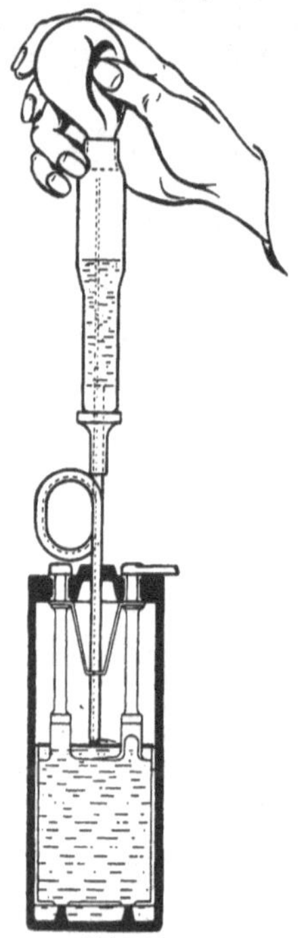

Abb. 43
Spezialpipette für Sammler ohne Schauglas

Das Schauglas (Abb. 42) ermöglicht ein Beobachten der Säuremenge. Bei umgelegtem Sammler darf der Elektrolyt die rote Kennmarke nicht übersteigen.

Bei Sammlern ohne Schauglas wird mit der Spezialpipette (Abb. 43) der Stand ermittelt. Die Pipette wird so eingeführt, daß das untere Rohrende im Innern der Zelle auf Anschlag aufstößt. Mit Hilfe des Gummiballs wird die überschüssige Säure abgesaugt; aufsteigende Luftbläschen zeigen an, daß der richtige Säurestand erreicht ist.

Der Einbau des Sammlers im Flugzeug (Abb. 44) erfolgt in einem mit Filzeinlage versehenen Bett mit einem besonders leicht lösbaren Spannbandverschluß, der an leicht zugänglicher Stelle im Flugzeug untergebracht ist. Eine besondere Entlüftung des Raumes unter dem Deckel ist nicht erforderlich, weil keine Gasung auftritt (Ladespannung übersteigt 2,4 V je Zelle nicht).

Das Laden des Sammlers am

Boden erfolgt in für Blei- und Nickelsammler getrennten Laderäumen. Als Ladestromquellen dienen Umformer und Gleichrichter. Zur Erzielung eines guten Wirkungsgrades der Anlage werden die Sammler in Reihenschaltung geladen.

Abb. 44
Einbau eines Sammlers in ein Flugzeug

Die Lebensdauer beträgt beim üblichen Flugbetrieb und guter Pflege mindestens zwei Jahre. Zur Wiederverwertung des Bleies werden die aufgebrauchten Sammler dem Hersteller zurückgegeben.

5. Der Nickelsammler

Der Nickelsammler (Abb. 45) wurde im Flugzeug bisher kaum verwendet. Sein negativer Pol ist Eisen oder Kadmium, der positive Pol Nickelhydroxyd. Als Elektrolyt dient verdünnte Kalilauge.

Beim Laden wird an der negativen Platte das Eisenhydroxydul zu metallischem Eisen. An der positiven Platte wird das Nickelhydroxydul zu Nickelhydroxyd. Für die Nickel-Kadmium-Zelle gilt sinngemäß das gleiche.

Beim Entladen verbindet sich an der negativen Platte das Eisen mit dem Sauerstoff der Kalilauge zu Eisenhydroxydul, an der positiven Platte das Nickelhydroxyd mit dem Wasser der Kalilauge zu Nickelhydroxydul plus Wasser. Bei geladener Zelle soll die Kalilauge ein sepzifisches Gewicht von 1,2 aufweisen. Die Zellenspannung beträgt 1,2 bis 1,5 V je Zelle. Die Lebensdauer ist praktisch unbegrenzt.

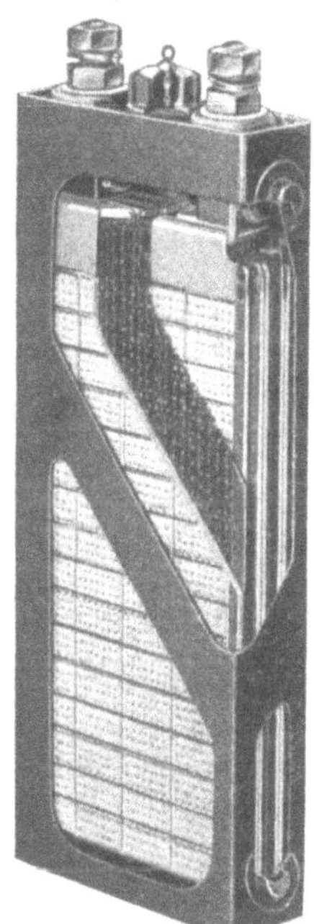

Abb. 45
Nickelsammler aufgeschnitten

B. Geräte für die Fortleitung der elektrischen Energie

Die elektrische Energie wird durch Leitungen von einem zum anderen Gerät übertragen.

Kennung. Leitungen, die den besonderen Bedürfnissen der Luftwaffe entsprechen und die hohen, jeweils in Technischen Lieferbedingungen (VTL) festgelegten Forderungen des Flugbetriebes erfüllen, sind durch einen RLM-Faden (3 einzelne Garne = grün-gelb-rot, miteinander verseilt) kenntlich gemacht. Daneben führt die Leitung den jeder Firma zugeteilten Firmen-Faden, der den Hersteller erkennen läßt.

1. Mehrzwecke-Leitungen

Verwendungsbereich. Übertragung von Gleich- und Wechselspannung, Stark- und Schwachstrom für die verschiedensten Zwecke wie Energieversorgung. Nachrichtenübertragung, Kurssteuerung, Waffenauslösung u. a.

Spannungsbereich. Bis 550 V Gleichspannung und 380 V niederfrequenter Wechselspannung.

Belastbarkeit. Die einzelnen Querschnitte sind für folgende Nennströme bemessen:

0,25 mm² Kupfer	4 Ampere	16 mm² Kupfer	80 Ampere
0,5 " "	7 "	25 " "	100 "
0,75 " "	10 "	35 " "	125 "
1 " "	12 "	50 " "	160 "
1,5 " "	15 "	70 " "	200 "
2,5 " "	20 "	95 " "	250 "
4 " "	30 "	120 " "	300 "
6 " "	40 "	150 " "	350 "
10 " "	55 "		

Ader-Kennzeichnung mehradriger Leitungen. Die Adern sind verschiedenfarbig. Die Zählung der Adern erfolgt in der Leitung von innen nach außen und in jeder Aderlage fortlaufend. Die Reihenfolge der Adern im Zählsinn ist folgende:

1. schwarz	sw	9. schwarz-blau	swbl
2. rot	rt	10. schwarz-grün	swgn
3. grau (weiß)	gr	11. schwarz-gelb	swge
4. blau	bl	12. rot-blau	rtbl
5. grün	gn	13. rot-grün	rtgn
6. gelb	ge	14. grün-gelb	gnge
7. braun	br	15. grün-braun	gnbr
8. schwarz-rot	swrt	16. gelb-braun	gebr

a) Leitungen, die offen oder in Kanälen (Schächten) verlegt und in Abständen fest gehaltert werden:

Bestellung. Die Leitungen werden grundsätzlich durch Anforderzeichen (Flieg-Nummer) bestellt z. B. Fl. 32 901—4. Die Hauptnummer (32 901) bezeichnet die Leitungsart wie einadrig, mehradrig, geschirmt, ungeschirmt; die Zahlen hinter dem Strich (4) geben den Querschnitt, bei mehradrigen Leitungen auch die Aderzahl an.

Neben dem Anforderzeichen führt die Leitung ein Kurzzeichen z. B. LS, LR, LSA; die Buchstaben bedeuten:

L = Luftfahrt
S = schwarzer Mantel
R = roter Mantel
A = Aluminium-Schirmung

Technische Forderungen. Die Leitungen lassen sich zwischen — 10° und + 70° C verlegen und sind im verlegten Zustand kältefest bis — 50° C. Heimstoff-Leitungen sind unbedingt kraftstoff-, öl- und salzwasserfest, dagegen Gummi-Lack-Leitungen nur bedingt.

Grundsätzlicher Aufbau. Der Leiter besteht in jedem Falle aus Kupfer, das Schirmgeflecht aus Aluminium. Im übrigen laufen zur Zeit zwei Aufbauten nebeneinander her, die gegenseitig ausgetauscht werden können:

Ausführung A = Aufbau mit Heimstoffen;

Ausführung B = Aufbau mit ausländischen Stoffen, wobei der Naturgummi stark mit Kunstgummi verschnitten ist.

Einadrige Leitungen

Sie sind schwarz (S) oder rot (R) ummantelt. Die Farbe kennzeichnet im Flugzeug die Polarität des Gleichstromnetzes: Rot = Plus, Schwarz = Minus. Aufbau von Fl 32 901 und 32 902 (Abb. 46 und 47):

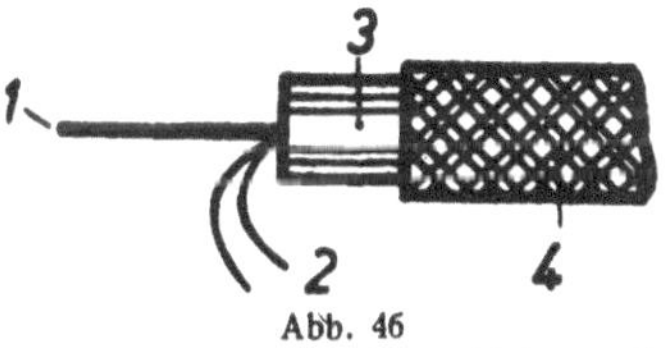

Abb. 46
Aufbau einer einadrigen Mehrzweckleitung (geschirmt) für feste Verlegung

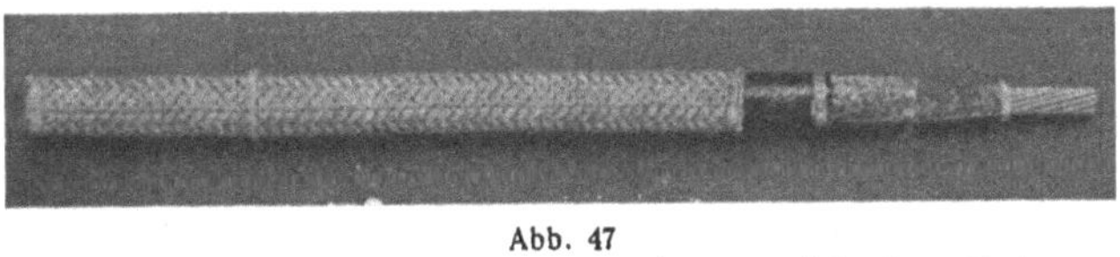

Abb. 47
Ansicht einer einadrigen Mehrzweckleitung (geschirmt) für feste Verlegung aus ausländischen Stoffen (Ausführung B)

Anforder-zeichen Fl	Nenn-Querschnitt	Fl 32901 (ungeschirmt)				Fl 32902 (geschirmt)			
		Ausführung A		Ausführung B		Ausführung A		Ausführung B	
		Außen-Durch-messer	Gewicht etwa	Außen-Durch-messer	Gewicht etwa	Außen-Durch-messer	Gewicht etwa	Außen-Durch-messer	Gewicht etwa
32901/32902	mm²	mm	kg/km	mm	kg/km	mm	kg/km	mm	kg/km
— 1	0,75	3,0 — 0,5	15	3,1 — 0,4	15	3,8 — 0,5	20	3,9 — 0,4	20
— 2	1,0	3,1 — 0,5	17	3,3 — 0,5	17	3,9 — 0,5	25	4,1 — 0,5	25
— 3	1,5	3,5 — 0,5	25	3,8 — 0,5	25	4,3 — 0,5	30	4,6 — 0,5	35
— 4	2,5	4,2 — 0,5	35	4,5 — 0,5	35	5,0 — 0,5	40	5,3 — 0,5	45
— 5	4	5,2 — 0,5	50	5,5 — 0,5	60	6,0 — 0,5	60	6,3 — 0,5	70
— 6	6	5,6 — 0,8	75	6,6 — 0,8	85	6,4 — 0,8	85	7,4 — 0,8	95
— 7	10	7,0 — 0,8	115	8,0 — 1,0	125	7,8 — 0,8	125	8,8 — 1,0	140
— 8	16	8,1 — 0,8	180	9,0 — 1,0	200	8,9 — 0,8	195	9,8 — 1,0	215
— 9	25	9,8 — 0,8	275	11,0 — 1,0	280	10,6 — 0,8	290	11,8 — 1,0	300
— 10	35	11,0 — 0,8	380	12,0 — 1,0	390	11,8 — 0,8	400	13,0 — 1,0	415
— 11	50	14,0 — 1,0	570	14,0 — 1,0	530	15,0 — 1,0	600	15,0 — 1,0	565
— 12	70	16,5 — 1,0	790	15,5 — 1,0	750	17,5 — 1,0	820	16,5 — 1,0	785
— 13	95	18,5 — 1,0	1060	18,0 — 1,0	1000	19,5 — 1,0	1100	19,0 — 1,0	1040
— 14	120	20,5 — 1,0	1300	20,0 — 1,0	1200	21,5 — 1,0	1340	21,0 — 1,0	1240
— 15	150	22,5 — 1,0	1600	22,0 — 1,0	1500	23,5 — 1,0	1640	23,0 — 1,0	1540

1. Leiter	Litze aus blanken Kupferdrähten
2. Kennfäden	Hersteller-Faden (Firmen siehe Zulassungsliste), RLM-Faden
3. Isolierende Hülle	A = gespritzter Kunststoff, rot oder schwarz; B = Mischgummi und lackierte Faserstoff-Beflechtung (zwischen Leiter und Gummi: Schutzschicht aus Zellglas-Band)
4. Schirmung (nur bei Fl 32902)	Geflecht aus Drähten einer Aluminium-Legierung

Mehradrige Leitungen

Sie sind grauschwarz ummantelt.

Aufbau von Fl 32903 und Fl 32904 (Abb. 48 und 49):

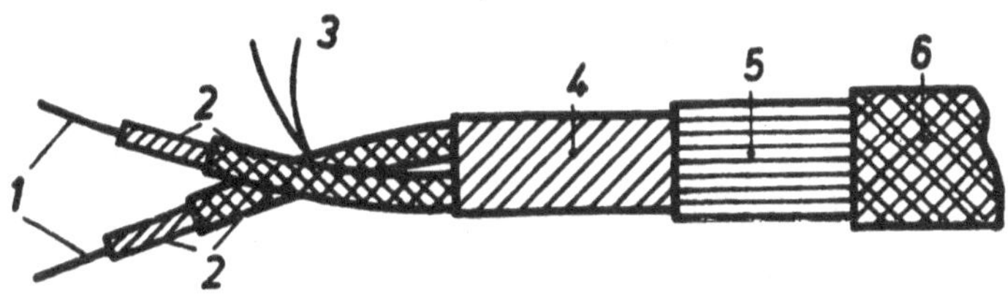

Abb. 48
Aufbau einer zweiadrigen Mehrzweckleitung (geschirmt) aus Heim-Stoffen (Ausführung A)

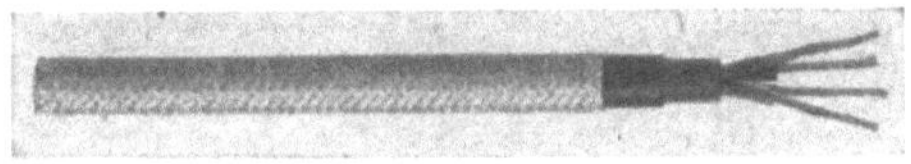

Abb. 49
Ansicht einer vieradrigen Mehrzweckeleitung (geschirmt) für feste Verlegung aus ausländischen Stoffen (Ausführung B)

1. Leiter	Litze aus blanken Kupferdrähten
2. Ader-Isolierung (zur Kennzeichnung farbig)	A = Umspinnung mit Glashaut und Kunstseide oder Kunstseide und Hülle aus gespritztem Kunststoff; B = Mischgummi (zwischen Leiter und Gummi: Schutzschicht aus Zellglasband)
3. Kennfäden	Hersteller-Faden (Firmen siehe Zulassungsliste), RLM-Faden

Anforder-zeichen Fl	Nenn-Querschnitt	Fl 32903 (ungeschirmt)				Fl 32904 (geschirmt)			
		Ausführung A		Ausführung B		Ausführung A		Ausführung B	
		Außen-Durch-messer	Gewicht etwa	Außen-Durch-messer	Gewicht etwa	Außen-Durch-messer	Gewicht etwa	Außen-Durch-messer	Gewicht etwa
32903/32904	mm²	mm-0,8	kg/km	mm-1,0	kg/km	mm-0,8	kg/km	mm-1,0	kg/km
— 6	10 × 0,5	9,8	120	9,8	105	10,6	135	10,6	120
— 7	12 × 0,5	10,3	130	10,3	115	11,1	145	11,1	130
— 8	14 × 0,5	10,8	150	10,8	130	11,6	165	11,6	150
— 1	2 × 0,75	7,2	55	8,0	70	8,0	65	8,8	85
— 2	3 × 0,75	7,5	65	8,5	80	8,3	75	9,3	95
— 9	5 × 0,75	8,0	85	8,0	80	8,8	95	8,8	95
— 10	7 × 0,75	8,5	100	8,5	100	9,3	115	9,3	115
— 3	3 × 1,0	7,7	75	9,0	95	8,5	90	9,8	110
— 4	4 × 1,0	8,3	90	9,5	110	9,1	105	10,3	125
— 5	2 × 1,5	8,2	80	10,0	120	9,0	95	10,8	135

4. Bebänderung — A = Glashaut-Umspinnung;
B = Bewicklung mit gummiertem Band

5. Mantel — A = gespritzter Kunststoff, grau;
B = lackierte Faserstoff-Beflechtung, schwarz (bei einigen Typen darunter Gummihülle)

6. Schirmung (nur bei Fl 32904) — Geflecht aus Drähten einer Aluminium-Legierung

b) Leitungen, die betriebmäßig leicht biegsam sein müssen:

Die Leitungen werden z. B. am Steuerknüppel, für Handlampen, Bombenzündanlagen und ähnliche Geräte verwendet.

Bestellung. Die Leitungen werden grundsätzlich durch Normzeichen mit vorgesetzter Aderzahl und Querschnittbezeichnung bestellt, z. B. 5×0,75 LgN 261 26.2.

Die Hauptnummer (261 26) gibt an, ob die Leitung ein- oder mehradrig ist, die Zahl hinter dem Punkt (2), ob geschirmt oder ungeschirmt.

Neben der Normzahl führt die Leitung ein Kurzzeichen, z. B. LB oder LBC.

Die Buchstaben bedeuten:

LgN = Luftfahrtgeräte-Norm
L = Luftfahrt
B = bewegliche Leitung
C = Kupfer-Schirmung

Technische Forderungen. Die Leitungen sind feuchtigkeitsicher (95% bei + 20° C), nicht unbedingt wasserfest, beweglich verwendbar bei Dauertemperaturen von —30° bis + 50° C, nicht beständig gegen Öl und Kraftstoff.

Grundsätzlicher Aufbau. Leiter und Schirmgeflecht bestehen in jedem Fall aus Kupfer, Isolation und Mantel aus Gummi mit einem hohen Anteil an Kunstgummi (Buna). Farbe der Außenhülle schwarz.

Einadrige Leitungen

Aufbau von LgN 261 25.1 und 261 25.2:

1. Leiter — Litze aus blanken Kupferdrähten;
Leiterschutz: Zellglasband-Umspinnung

2. Isolation	Hülle aus Mischgummi; Schutz (über 1,5 mm^2): Bewicklung mit Gewebeband
3. Kennfäden	Hersteller-Faden (Zulassungsliste), RLM-Faden
4. Schutzmantel	Hülle aus Mischgummi
5. Schirmung (nur bei LgN 261 25.2)	Geflecht aus verzinnten Kupferdrähten

Nenn-Querschnitt	LgN 261 25.1 ungeschirmt		LgN 261 25.2 geschirmt	
	Außen-Durchm.	Gewicht etwa	Außen-Durchm.	Gewicht etwa
mm^2	mm	kg/km	mm	kg/km
0,7	4,7 — 0,6	35	5,5 — 0,6	70
1,5	5,6 — 0,6	60	6,4 — 0,6	95
2,5	6,7 — 0,6	85	7,5 — 0,6	126
4	7,9 — 0,6	125	8,7 — 0,6	175
6	8,9 — 0,8	155	9,7 — 0,8	215
10	10,7 — 0,8	265	11,5 — 0,8	335

Mehradrige Leitungen

Aufbau von LgN 261 26.1 und 261 26.2:

Ader:	1. Leiter	Litze aus blanken Kupferdrähten; Leiterschutz: Zellglasband-Umspinnung
	2. Isolation	Hülle aus Mischgummi; Schutz (über 1,5 mm^2): Bewicklung mit Gewebeband
Leitung:	3. Seil	Adern verseilen; Schutz (von 7 Adern aufwärts): Bewicklung mit Gewebeband
	4. Kennfäden	Hersteller-Faden (Zulassungliste) RLM-Faden
	5. Mantel	Hülle aus Mischgummi
	6. Schutzmantel (nur für 6 und 10 mm^2)	Hülle aus Mischgummi mit darunterliegender Gewebeband-Bewicklung
	7. Schirmung (nur bei LgN 261 26.2)	Geflecht aus verzinnten Kupferdrähten

Nenn-Querschnitt	LgN 261 26.1 ungeschirmt		LgN 261 26.2 geschirmt	
	Außen-Durchm.	Gewicht etwa	Außen-Durchm.	Gewicht etwa
mm²	mm	kg/km	mm	kg/km
2 × 0,25	5,7 — 0,6	50	6,5 — 0,6	80
5 × 0,5	7,6 — 0,6	100	8,4 — 0,6	140
7 × 0,5	8,9 — 0,8	125	9,7 — 0,8	170
9 × 0,5	10,4 — 0,8	180	11,2 — 0,8	240
12 × 0,5	12,7 — 1	235	13,7 — 1	325
2 × 0,75	7,5 — 0,6	85	8,3 — 0,6	125
3 × 0,75	8 — 0,6	100	8,8 0,6	145
5 × 0,75	10 — 0,8	150	10,8 — 0,8	205
7 × 0,75	12,1 — 0,8	195	13,3 — 1	285
12 × 0,75	16 — 1	325	17 — 1	450
16 × 0,75	18 — 1	435	19 — 1	565
2 × 1	8,3 — 0,6	115	9,3 — 0,8	165
3 × 1	8,9 — 0,8	135	9,7 — 0,8	185
5 × 1	10,6 — 0,8	200	11,4 — 0,8	260
9 × 1	14,7 — 1	340	15,7 — 1	445
2 × 1,5	9,6 — 0,8	155	10,4 — 0,8	210
3 × 1,5	10,1 — 0,8	175	10,9 — 0,8	235
5 × 1,5	12,4 — 0,8	275	13,6 — 1	345
7 × 1,5	13,8 — 1	320	14,8 — 1	450
2 × 2,5	12,2 — 0,8	250	13,4 — 1	380
3 × 2,5	13 — 1	290	14 — 1	380
4 × 2,5	14,1 — 1	345	15,1 — 1	450
2 × 4	13,9 — 1	330	14,9 — 1	430
3 × 4	14,7 — 1	380	15,7 — 1	485
4 × 4	16 — 1	480	17 — 1	575
2 × 6	19,8 — 1,2	640	20,8 — 1,2	780
3 × 6	20,8 — 1,2	725	21,8 — 1,2	870
4 × 6	22,3 — 1,2	955	23,3 — 1,2	1115
2 × 10	23,6 — 1,2	925	24,6 — 1,2	1090
3 × 10	24,8 — 1,2	1050	25,8 — 1,2	1230
4 × 10	26,8 — 1,2	1280	27,8 — 1,2	1450

c) Prüfbestimmungen:

Bis zum Jahre 1934 wurden nur Gummi-Lack-Leitungen aus ausländischen Rohstoffen benutzt, die nach Vorschriften hergestellt waren, die von der Kraftfahr- und Luftfahrt-Industrie gemeinsam aufgestellt waren. Diese Bestimmungen waren für das Kraftfahrzeug hart, während sie den Anforderungen im Flugzeug nicht genügten. Daher wurden eigene Luftfahrtleitungen entwickelt, die besonders harten Prüfungen unterworfen wurden. Seit 1937 sind daneben Kunststoff-Leitungen aus Heimstoffen in Anwendung, die in mancher Beziehung den Gummi-Lack-Leitungen überlegen sind.

Um einen Überblick über die Anforderungen zu geben, denen die Leitungen im Flugbetrieb ausgesetzt sind, seien die hauptsächlichsten Prüfungen kurz gestreift.

1. Die elektrische Prüfung erstreckt sich auf das Ausmerzen von Fehlerstellen (z. B. durch Spannungsprüfung), auf die Prüfung der elektrischen Durchschlagfestigkeit und auf die Messung des Isolationswiderstandes.

2. Bei der mechanischen Prüfung werden Biegsamkeit und Wasserbeständigkeit untersucht. Hierdurch soll festgestellt werden, ob bei der Verlegung um Ecken die Außenhülle der Leitung standhält. Der Mantel darf auch nicht angegriffen werden, wenn er längere Zeit der Feuchtigkeit (z. B. Schwitzwasser) ausgesetzt ist. Feuchtes Lagern muß natürlich vermieden werden.

3. Die Wärmeprüfung stellt eine abgekürzte Alterung dar. Sie soll zeigen, ob die Außenhülle ausreichend wärmebeständig und die Isolation der Adern oder Leitung voraussichtlich auch noch nach längerer Zeit (2 bis 3 Jahre) genügend biegsam ist.

4. Die Kälteprüfung wird einmal bei —50° C durchgeführt, um zu zeigen, ob verlegte Leitungen vorübergehend starke Kälte aushalten, und zum anderen bei — 15° C, um festzustellen, ob sich die Leitungen noch bei Kälte verlegen lassen. Die Erfüllung dieser Bedingungen ist besonders schwer; daher soll das Verlegen von Leitungen bei diesen Kältegraden möglichst vermieden werden.

5. Die Brennbarkeitsprüfung soll nachweisen, daß die Leitung nicht wie eine Zündschnur brennt. Ein langsames Brennen (bis zu 100 mm je min) wird zugelassen.

6. Bei der Prüfung in Schmierstoff soll sich erweisen, ob die Leitung ölfest ist. Diese Aufgabe erfüllt die Kunststoffleitung vollkommen, die Gummileitung gar nicht, die Lackleitung nur bedingt.

7. Die Kraftstoffprüfung soll zeigen, ob die Leitung eine gewisse Zeit kraftstoffest ist. Der Kraftstoff löst die Weichmacher des Lackes allmählich auf, so daß der Lack nach und nach spröde wird und bricht. Völlige Kraftstoffbeständigkeit ist nur bei der Kunststoffleitung erreicht. Bei der Verlegung beweglicher Gummimantelleitungen ist streng darauf zu achten, daß sie im Betrieb vom Kraftstoff nicht angegriffen werden können. Elektrische Gummi- und Gummi-Lackleitungen werden daher stets oberhalb von Kraftstoffleitungen verlegt.

8. Die Wärmedruckprüfung kommt nur für die Kunststoffleitungen in Frage und soll die Druckfestigkeit des Mantels bei Temperaturen von + 70° C erweisen. Der Mantel darf sich bei dieser Temperatur an Einführungstüllen und Halterungen nicht übermäßig eindrücken.

Gesichtspunkte beim Einbau der Leitungen. Die wesentlichsten Gesichtspunkte beim Einbau sind die Wahl der richtigen Biegedurchmesser, die strenge Vermeidung von Scheuerstellen (scharfe Kanten) und die Bewahrung der Leitungen vor übermäßigen Einflüssen durch Kraft- und Schmierstoffe und ungewöhnliche Temperaturen.

Die aus Gründen des Funkschutzes bei allen offen verlegten Leitungen vorzusehende Metallumflechtung wird aus Drähten von 0,2 bis 0,25 mm Durchmesser hergestellt. Das Geflecht ist so dicht, daß 70 bis 90% der Leitungsoberfläche bedeckt sind. Die Aufweitung ist bei kleinen Querschnitten bis etwa zum doppelten Durchmesser möglich.

2. Sonderleitung: Hochspannungszündleitung

Verwendungsbereich. Übertragung des hochgespannten Zündstromes vom Zündmagneten zur Zündkerze.

Bezeichnung: L = Luftfahrt
Z = Zündleitung
C = Kupferschirmung

Aufbau von Fl 32900-1 und 32900-2 (Abb. 50):

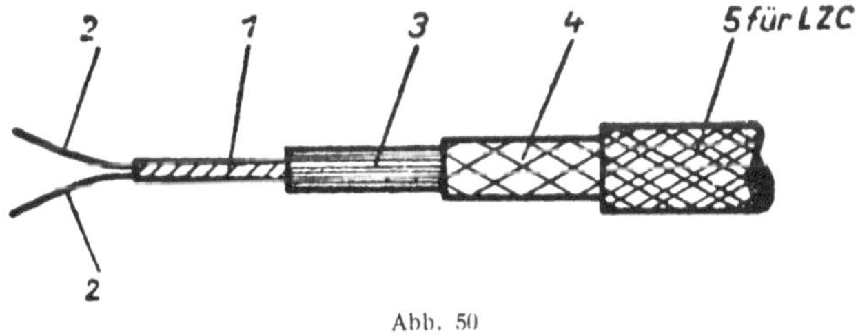

Abb. 50
Aufbau der Hochspannung-Zündleitung (geschirmt) in Gummi-Lack-Ausführung

1. Leiter	Litze aus Kupfer- oder Stahldrähten
2. Kennfäden	Firmen-Faden (Zulassungsliste), RLM-Faden
3. Isolation	Gummihülle, mehrlagig, ozonfest

4. Mantel	schwarz lackierte, lichtundurchlässige Faserstoffbeflechtung
5. Schirmung (nur bei LZC)	Geflecht aus verzinnten Kupferdrähten

Nennquerschnitt	Drähte		Außendurchm. über Lack		Gewicht	
	Anzahl	Durchmesser	Kleinstmaß	Größtmaß	ohne Abschirmung	mit Abschirmung
mm^2		mm	mm	mm	kg/1000 m	kg/1000 m
1	19	0,25	6,7	7,0	70	120

Kapazität: Nach Möglichkeit kleiner als 0,16 μF/km.

Zu den Anforderungen, die an die Mehrzweckeleitungen gestellt werden, kommen hier noch folgende hinzu:

1. Die Höchstkapazität von 0,16 μF/km je m soll eine zu hohe kapazitive Belastung des Zündmagneten vermeiden. 0,5 μF/km setzen die Zündspannung auf etwa die Hälfte herab.
2. Eine Prüfung auf Ozonfestigkeit muß durchgeführt werden, weil bei der hohen Betriebsspannung Ozon entsteht. Lackierung und Gummiisolation müssen ozonfest sein. Die früher auch in Deutschland gebräuchliche amerikanische Packardleitung hatte zwar eine gute Lackierung, aber keinen ozonfesten Gummi. Die heutige deutsche Zündleitung in Gummi-Lackausführung ist ozonfest. Neuerdings führt sich eine Zündleitung ein, die ausschließlich aus Heimstoffen (ohne Gummi und Lack) besteht, und die erheblich größere Wärmefestigkeit aufweist als die Gummi-Lackausführung.
3. Der Oberflächenwiderstand der Zündleitung muß ein bestimmtes Maß haben, damit Oberflächenüberschläge an den Leitungseinführungen sicher vermieden werden.
4. Eine Kälteprüfung wird durchgeführt, um zu zeigen, daß die Zündleitung bei — 15° C völlige Biegsamkeit besitzt. Diese Beanspruchung tritt im Betrieb häufig, z. B. durch Flattern der Leitungen bei luftgekühlten Motoren auf.

3. Leitungszubehör

Für die Einführung der Leitungen in die Geräte, ihre Befestigung und ihre Kennzeichnung werden folgende Zubehörteile verwendet:

Tülle mit Befestigungsschelle (Abb. 51) für normale Einführung in normal eingebaute Geräte. Auf der Tülle Abfangen der Schirmung mittels Schelle. Neuerdings Schelle nach Abb. 52.

V e r s c h r a u b u n g an Stecker für eine größere Anzahl einadriger oder einer mehradrigen Leitung, durch welche die Leitung zugentlastet und verdrehungssicher eingeführt wird (Abb. 53). Ähnliche Verschraubungen werden bei wasserdichten Einführungen benützt.

Abb. 51
Verteiler mit Einführungstüllen und Befestigungsschellen für Schirmgeflecht

A d e r e n d h ü l s e n

(Abb. 54) für alle vorkommenden Leitungsquerschnitte.

Anmerkung: Solche Metallröhrchen halten die einzelnen Litzendrähtchen der abisolierten Leitungsenden in der Klemme zusammen.

Abb. 52
Gerät mit Klemmschellen

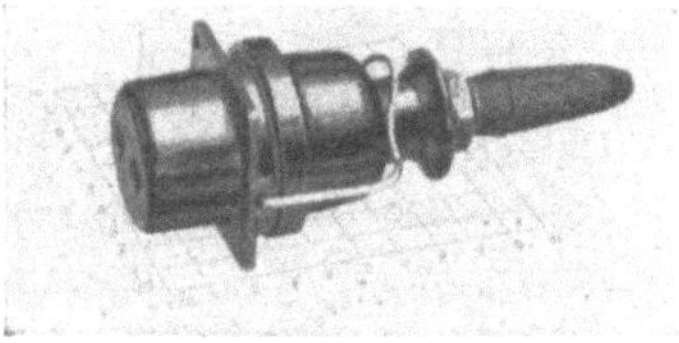

Abb. 53
Zentralstecker aus Leichtmetall für Anschluß bis zu 12 Leitungen

L e i t u n g s b e f e s t i g u n g e n

1. mit B e f e s t i g u n g s s c h i e n e (Abb. 55). Mehrere Leitungen werden durch ein doppelt gefalztes Aluminiumband gebündelt und an der Schiene befestigt.

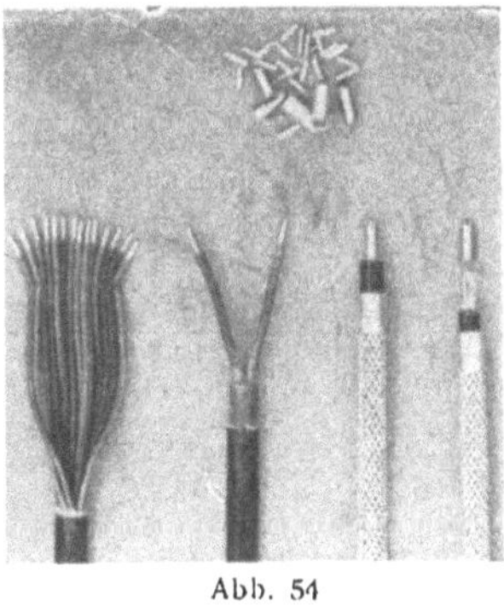

Abb. 54
Luftfahrtleitungen mit Aderendhülsen

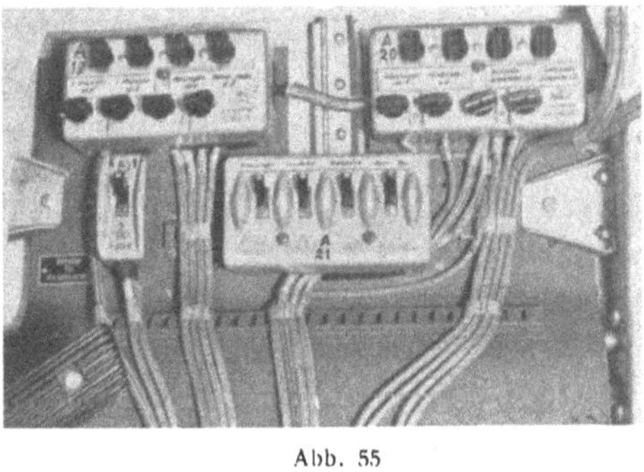

Abb. 55
Leitungsbefestigung durch Befestigungsschiene

2. mit F e d e r b ü g e l (Abb. 56).

Im Leitungsschacht werden mehrere Leitungen in Federbügeln federnd gehalten;

Abb. 56
Leitungsbefestigung mit Federbügel im Leitungsschacht

3. mit S c h e l l e n (Abb. 57).

Befestigung von geschirmten Leitungen außerhalb des Schachtes an den Bordwänden mit Schellen aus Aluminiumband.

Anmerkung: Zum Schutz vor den scharfen Kanten der Befestigungsbänder sind Ölleinenstreifen unterzulegen.

Abb. 57
Leitungsbefestigungen mit Schellen

4. mit L e i t u n g s h a l t e r (Abb. 58).

Dieser gestattet neben der federnden Halterung einfache Ein- und Ausbringung ohne Zuhilfenahme von Werkzeug.

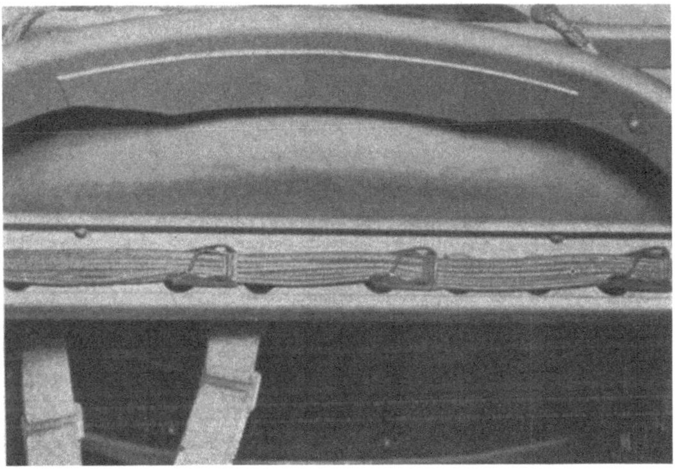

Abb. 58 a und b
Mit Leitungshalter verlegte Leitung

L e i t u n g s v e r b i n d e r (Abb. 59).

Für schnelle behelfsmäßige Instandsetzung durchschossener Leitungen an der Front.

Verbindung der abisolierten Leitungsenden durch dem Querschnitt angepaßte, gequetschte Metallhülse. Hierzu Quetschzange.

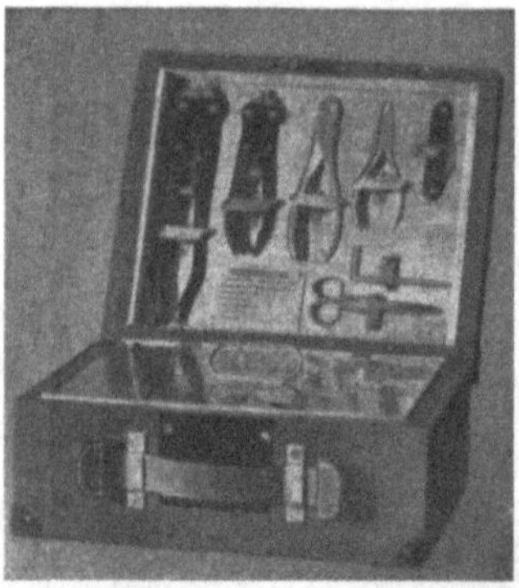

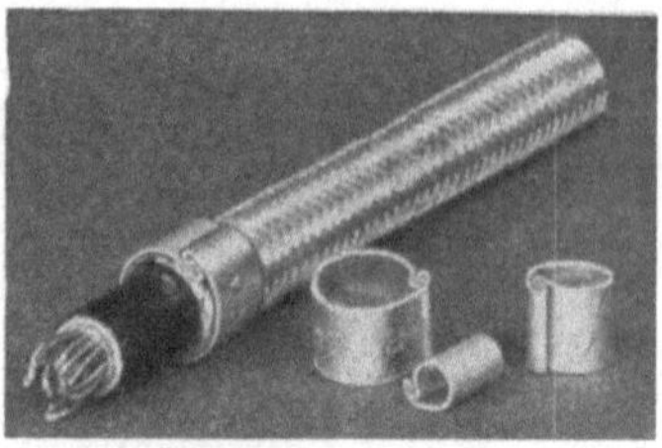

Abb. 60
Kennzeichnung der Leitungsenden mit Aluminiumband

Abb. 59. Kasten mit Leitungsverbindern

Abb. 61
Aderkennzeichnung bei Mehrfachleitungen

Kennzeichnung der Leitungsenden (Abb. 60 und 61)

wird im Werk einheitlich mit der Numeratorzange (Abb. 62) durchgeführt.

Abb. 62 Numeratorzange

Anmerkung: In einem Arbeitsgang das Aluband kennzeichnen, schneiden, um das Leitungsende herumlegen und durch zweimaliges Falzen fest anziehen. Vorhandenes Schirmgeflecht wird gleichzeitig befestigt (bei Lackleitungen kein Ölleinenband als Unterlage verwenden!).

4. Sicherungen

Die Sicherung ist ein Bestandteil jedes Stromversorgungsnetzes, ohne den sich ein geordneter Betrieb nicht denken läßt. Sie hat im wesentlichen zwei Aufgaben:

1. hat sie Netzteile, die durch Kurz- und Masseschlüsse betriebsunfähig geworden sind und die gesamte Stromversorgung stören, selektiv abzuschalten;
2. hat sie die Stromzufuhr zu unterbrechen, wenn infolge Masse- oder Kurzschluß in einer Leitung oder in einem Gerät die betreffende Leitung überlastet ist und dadurch Brandgefahr besteht.

Die Netzsicherung hat im allgemeinen nicht den Zweck, Teile zu schützen, die innerhalb der Geräte liegen, wie z. B. Wicklungen.

Die Überlastung einer Leitung ist noch nicht gegeben, wenn der Nennstromwert einmal überschritten wird. Die Leitung wird durch die in ihr entstehende Verlustleistung aufgeheizt und ist erst dann überlastet, wenn die zulässigen Temperaturgrenzen erreicht sind. Kurzzeitig kann also jede elektrische Leitung und jedes elektrische Gerät mehr oder weniger hoch überlastet werden.

Hieraus ergeben sich bereits die Forderungen an die Sicherung. Sie soll den Strom erst dann unterbrechen, wenn die Grenztemperaturen der Leitung erreicht sind. Die Auslösezeit muß in Beziehung gesetzt werden zum Überstrom, wie es das Schaubild

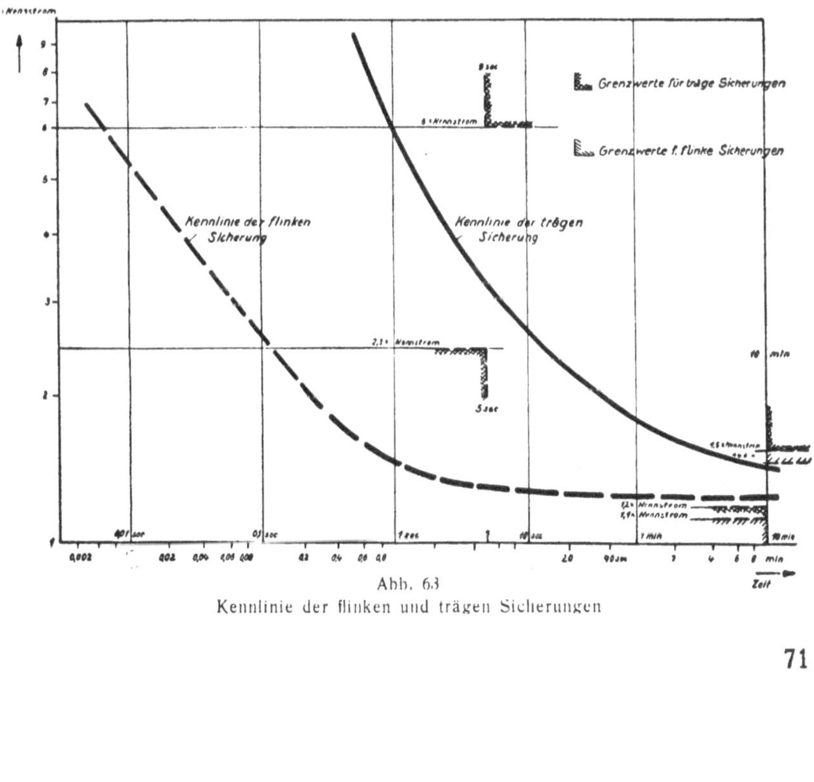

Abb. 63
Kennlinie der flinken und trägen Sicherungen

Abb. 63 darstellt. Die Maßstäbe sind der besseren Übersicht wegen logarithmisch aufgetragen. Die Bedingungen lauten:

Der 1,2fache Nennstrom muß mindestens 10 Minuten lang ausgehalten werden.

Beim 1,5fachen Nennstrom muß die Unterbrechung innerhalb 10 Minuten erfolgen.

Der 2,5fache Nennstrom muß mindestens 5 Sekunden lang ausgehalten werden.

Beim 6fachen Nennstrom muß die Unterbrechung innerhalb 5 Sekunden erfolgen.

Graphisch dargestellt ergibt das in dem erwähnten Schaubild zwei Stromtore, durch die die Auslöse-Kennlinie hindurchlaufen muß.

Die Auslösung erfolgt „träge".

Im Gegensatz zu dieser trägen Sicherung waren früher „flinke" Sicherungen üblich. Sie sind heute z. T. noch neben den „trägen" vorhanden. Der völlige Übergang auf die träge Sicherung wird jedoch angestrebt. Die Abschaltbedingungen der flinken Sicherung sind in dem Schaubild Abb. 63 ebenfalls eingetragen. Gegenüber den trägen hatten sie den Nachteil, daß eine erheblich stärkere Absicherung und damit ein entsprechend größerer Querschnitt vorgesehen werden mußte, um die im Betriebe vorkommenden Überbelastungen, insbesondere Einschaltstromspitzen (z. B. bei Antriebsmotoren und Umformern) aufnehmen zu können.

Ein weiterer Vorteil der trägen Sicherung ist die erhöhte Selektivität des Netzes. Aus Abb. 64 ist zu erkennen, daß zwei hinter-

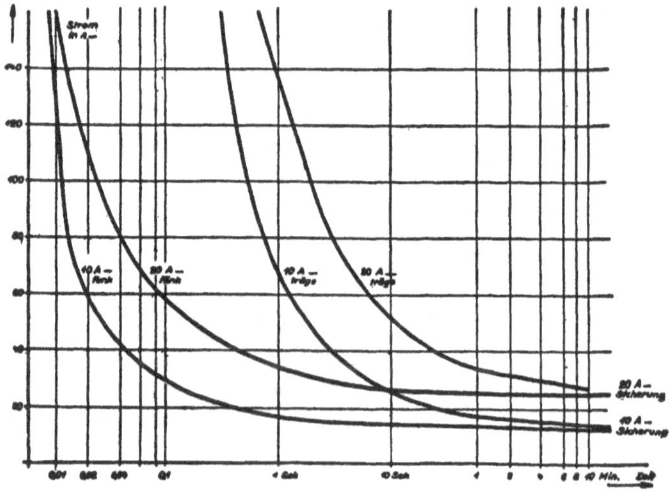

Abb. 64
Stromzeitkurve einer 10- und 20-A-Sicherung

einander geschaltete Sicherungen von 10 und 20 A in der trägen Ausführung soviel Abstand voneinander behalten, daß die Auslösung der schwächeren Sicherung mit Sicherheit vorweg geschieht, während bei zwei flinken Sicherungen häufig beide Sicherungen zugleich ansprechen und die Selektivität nur bei solchen hintereinandergeschalteten Sicherungen gewahrt ist, die in ihrem Nennstromwert weiter auseinanderliegen. Aus dem gleichen Schaubild ist weiter zu entnehmen, daß bei Hintereinanderschaltung einer flinken 20-A- und einer trägen 10-A-Sicherung die flinke 20-A-Sicherung bei Kurzschluß unter allen Umständen zuerst durchschmilzt, obwohl sie den höheren Stromwert hat. In einem ausgedehnten Stromversorgungsnetz wird deshalb bei Verwendung träger Sicherungen der nicht mehr betriebsfähige Teil zuverlässig abgeschaltet, während die gesamte Stromversorgung, abgesehen von einer vorübergehenden Spannungssenkung, nicht weiter gestört wird. Alle übrigen Verbraucher bleiben voll arbeitsfähig. Eine flinke Hauptsicherung z. B. in der Sammlerzuleitung gegenüber trägen Sicherungen in den einzelnen Abzweigen kann die Stromversorgung unsicher machen.

Um den hohen Strömen des Sammlers Rechnung tragen zu können, werden die Sicherungen so widerstandsfähig gebaut, daß sie bei Kurzschlüssen in Netzen mit 1000 A Kurzschlußstrom sicher ansprechen, ohne selbst äußerliche Zerstörungen zu erleiden.

Die nachfolgende Aufstellung gibt die genormte Stromreihe und die für die einzelnen Stromstärken festgelegte Kennzeichnung:

2 A	= rosa	30 A	= grün-schwarz
4 A	= braun	40 A	= schwarz
6 A	= grün	50 A	= braun-schwarz
10 A	= rot	75 A	= orange
15 A	= feldgrau	100 A	= mahagoni
20 A	= blau	125 A	= rot-schwarz
25 A	= gelb		

Nachfolgend werden verschiedene Ausführungsformen von Sicherungen dargestellt.

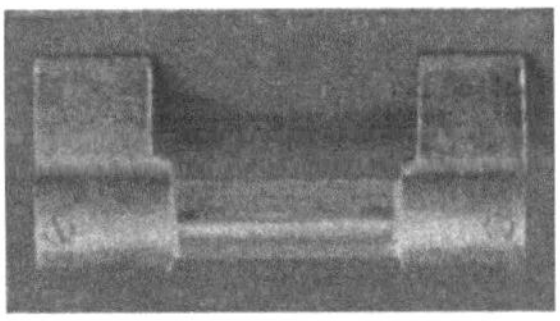

Abb 65
Glassicherung mit Messerkontakten 50 A

Messersicherungen (Abb. 65) (im allgemeinen flink).

Metallklappen mit Messerkontakten auf ein Glasröhrchen aufgekittet. In dem Röhrchen kann man erkennen, ob der an den Metallklappen angelötete Schmelzdraht durchgebrannt ist.

Preßstoffsicherungen (Abb. 66) (träge).

Wärmemengen, die an den Kontakten durch Übergangswiderstände entstehen, beeinflussen im hohen Maße die Auslösekennlinie. Durch verstärkte und versilberte Schneidekontakte wurden die Übergangswiderstände auf ein Mindestmaß herabgedrückt. Die mechanischen Anforderungen beim Einsetzen der Sicherungen führten zum Preßstoffkörper.

Abb. 66
Preßstoffsicherungen mit Messerkontakten 100 A

Ein Glasfenster läßt den Zustand des Schmelzfadens erkennen.

Verwendbar für die gesamte Stromreihe 2—125 A.

Sicherungshalter für Messer- und Preßstoffsicherungen.

Einpoliger Sicherungskasten (Abb. 67).
Belastbarkeit bis 100 A,
Anschlußmöglichkeit: für Leitungen bis 25 mm².

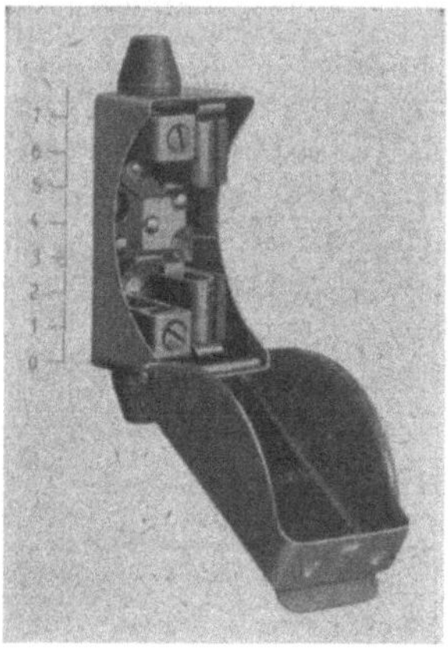

Abb. 67
1 poliger Sicherungskasten für Messersicherungen

Glasrohrpatronen (Abb. 68) (im allgemeinen flink).

Sie entsprechen den alten Glasrohrsicherungen. Glasrohr mit aufgekitteten Metallklappen. An den Kappen ist die Schmelzeinrichtung angelötet.

Verwendbar für die Stromreihe 2—30 A.

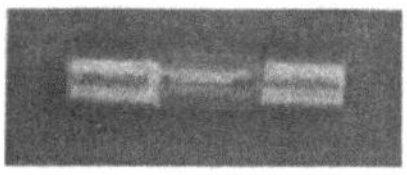

Abb. 68
Glasrohrpatrone

Sicherungshalter für Glasrohrpatronen.

a) Einpoliger Sicherungshalter (Abbildung 69).

Mit und ohne Gehäuse bis 30 A geeignet zum Einbau in größere Geräte.

b) Vierpoliger Sicherungskasten (Abbildung 70), Belastbarkeit bis 30 A.

Anschlußmöglichkeit: für Leitungen bis 6 mm².

Verwendung: für 4 Sicherungspatronen.

Sicherungen haben den Nachteil, daß die Einsätze verwechselt werden können, daß überhaupt Einsätze mitgeführt werden müssen und daß ihre Auswechslung umständlich ist. Es lag daher nahe, auch für die Luftfahrt Selbstschalter zu entwickeln. Sie beseitigen nicht nur die eben erwähnten Nachteile, sondern haben den Vorteil, daß sie sich gleichzeitig als Schalter verwenden lassen.

Abb. 71 zeigt einen Selbstschaltereinsatz, der in dieser Größe für die Stromstärken 6—30 A vorhanden ist. Die Ein- und Ausschaltung

Abb. 69
1 poliger Sicherungshalter für Glasrohrsicherungen

Abb. 70
4 poliger Sicherungskasten für Glasrohrsicherungen (geschlossen)

erfolgt durch die beiden Druckknöpfe 6 (ein) und 5 (aus). Bei Einschaltung auf einen bestehenden Kurzschluß erfolgt Freiauslösung. Der Strom wird geschlossen durch die silberplattierten Kontakte (1).

Abb. 71
Selbstschaltereinsatz

Abb. 72
Selbstschalter mit Kasten

Durch eine entsprechende Kniehebelübersetzung ist dafür gesorgt, daß die Kontakte sich nicht schleichend sondern rasch schließen. Die Auslösung wird bewirkt durch den Bimetallstreifen (2), der sich bei

Stromdurchfluß und der dadurch erzeugten Erhitzung nach unten durchbiegt und über den Hebel (3) die Sperrung aufhebt. Die Auslöse-Kennlinie entspricht der der trägen Sicherung. Die Einsätze können einzeln (Abb. 72) oder zu vieren in einem gemeinsamen Kasten oder auch in einer Reihe in Schalttafeln eingebaut werden.

Für die Stromstärken 40 und 50 A und die Stromstärken 75, 100, 125 A sind zwei weitere Größen von Selbstschaltern vorhanden.

5. Steckverbindungen

Man unterscheidet die Teile der Steckverbindung in Stecker und Steckdose. Meist ist die Steckdose (Buchsenteil) fest angebaut und der Stecker (Stiftteil) an einer beweglichen Zuleitung. An Geräten kommt auch umgekehrte Anordnung vor. **Grundsatz: Im getrennten Zustand der Steckverbindung muß der an der Spannung liegende Teil „Steckdose" sein.** Unverwechselbarkeit wird durch Führungsstifte erreicht.

Eine Steckverbindung findet Anwendung zum betriebsmäßigen Anschluß ortsveränderlicher Geräte (z. B. Heizbekleidung) und zur schnellen elektrischen Trennung von Bauteilen bei Auswechselung (z. B. Flügeltrennstelle).

Brandschott-Steckverbindungen (Abb. 73).

Sie dienen zur Durchführung der elektrischen Triebwerksleitungen durch das Brandschott. Außerdem ermöglichen sie elektrische Trennung beim Triebwerkswechsel. Entsprechend der Verwendung für Generator-, Zünd-, Anlaß- und Anlagenstromkreise gibt es Brandschottsteckverbindungen für verschiedene Querschnitte und Polzahlen.

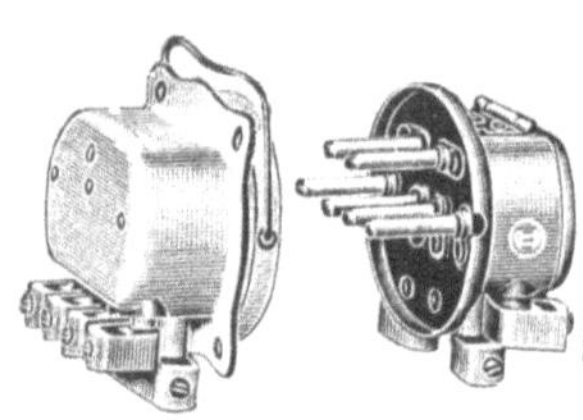

Abb. 73
Brandschott-Steckverbindung

Rund- und Flachsteckvorrichtungen.

In verschiedensten Ausführungen und verschiedene Ausführungen. Abb. 76 Querschnitten bis 20polig. Stecker und Steckdoseneinsätze sind austauschbar. Dadurch mit geraden und abgewinkelten Formen verschiedenste Anordnungsmöglichkeiten.

Abb. 74
Zentralsteckverbindung

Abb. 74 zeigt eine Steckverbindung bis zu 12 Stromkreisen bis 6 A, Abb. 75

und **77** zeigen eine 6polige Gerätesteckverbindung (auch Wanddurchführung), bei der die Steckdose feste Kontaktstücke und der Stecker federnde Bügel besitzt. Ausführung bis 20polig für 15 A.

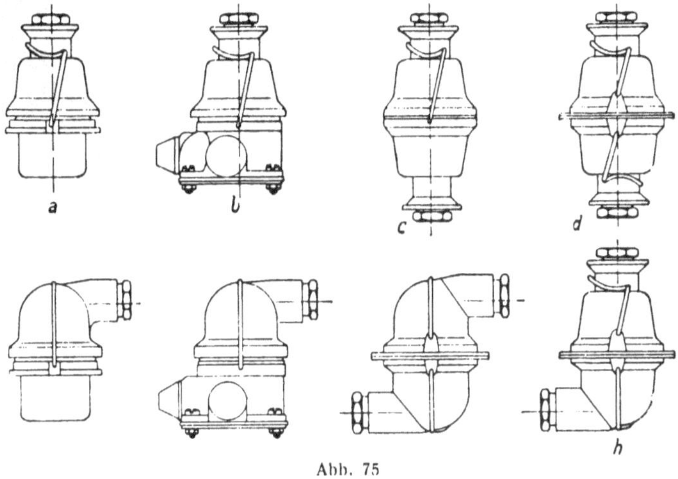

Abb. 75
Zentral- und Winkelsteckverbindungen

Abb. 76
6polige Flachsteckvorrichtung

Abb. 77
6polige Flachsteckvorrichtung getrennt

Abb. 78
2—4 poliger Gerätestecker

G e r ä t e s t e c k v o r r i c h t u n g e n.

Zur Verwendung an Meß- und Anzeigegeräten bis 4polig (Abb. 78).

Abb. 79
Außenbordsteckdose

Abb. 80
Außenbordstecker

Außenbordsteckdose (Abb. 79) und -stecker (Abb. 80).

Zum Anschluß einer Außenbordstromquelle zur Stromversorgung beim Prüfen und Anlassen.

6. Verteiler und Trennstellen

Zur Verteilung der elektrischen Leistung von Sammelleitungen auf Einzelabzweige. Außerdem zur Verschaltung von Geräten untereinander, da je Geräteklemme nur eine Leitung eingeführt werden darf.

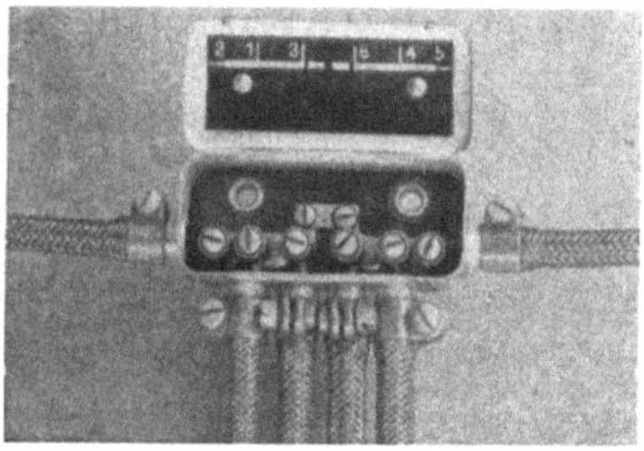

Abb. 81
Verteilerkasten mit vorschriftsmäßiger Leitungseinführung

Abb. 82
Aufbauverteiler (mit Kappe), baukastenmäßig zusammensetzbar, belastbar bis 100 A

1. Verteiler mit fester Klemmenzahl, Beispiel Abb. 81.
2. Aufbauverteiler (Abb. 82).

   Den Erfordernissen entsprechend aus Klemmen verschiedener Querschnitte zusammensetzbar.

Trennstellen sind Verteiler, deren Klemmseiten voneinander getrennt werden können. Hierdurch bauteilmäßige (nicht betriebsmäßige!) Trennung der elektrischen Anlage. Mit Hilfe einer Trennstelle kann z. B. ein Flügel ohne Auflösung der elektrischen Anlage abgetrennt werden.

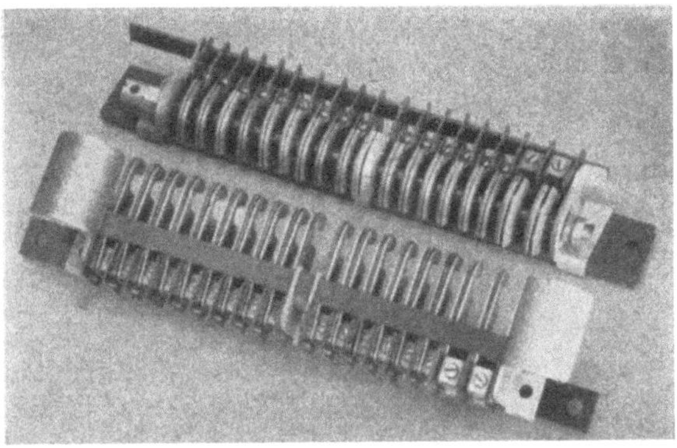

Abb. 83

Aufbautrennstelle, zusammensetzbar ähnlich dem Aufbauverteiler. Hier sind die Vorteile der schnell lösbaren Steckverbindung mit dem der Klemme vereinigt. Verwendung z. B. in der Hauptverteilung oder an Rumpftrennstellen

1. Aufbautrennstelle (Abb. 83).

   Trennstelle in Polzahl und Klemmquerschnitt beliebig zusammenstellbar.

Abb. 84

Aufbautrennzelle mit Prüfkammer

2. Aufbautrennstelle mit Prüfkamm (Abb. 84).

   Elektrische Verbindung der beiden Klemmseiten durch Kurzschlußkamm. Nach Entfernung des Kammes gute Prüfmöglichkeit der getrennten Netzteile ohne Bauteiltrennung.

7. Schalter

Die Schaltung größerer Gleichstromleistung besonders bei induktiven Verbrauchern (Magnetspulen und Schützspulen, Motoren u. ä.) erfordert Momentschaltung. Bei einfacher Schaltung können sich Lichtbogen bilden, die Kontaktstellen verbrennen. Dadurch schlechter Kontaktübergang, hoher Spannungsabfall, unnötige bis unzulässige Erwärmung der Kontakte und des Gerätes, Funkstörungen.

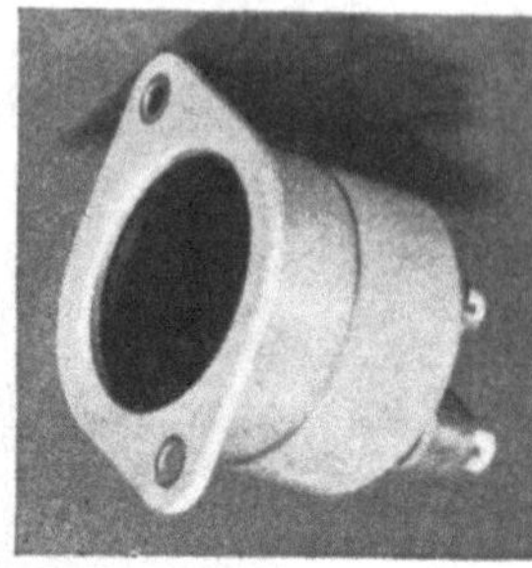

Abb. 85
1 poliger Druckknopf, verwendet als Netzausschalter in Verbindung mit Ferntrennschalter

Nur Schalter für Signalstromkreise haben einfache Schaltung.

Druckknöpfe

für Arbeitsstrom- oder Ruhestromkontaktabgabe. Beispiel Abb. 85 und 86.

Kippschalter.

Im Bordnetz hauptsächlich angewendet wegen guter Betätigungsart und eindeutiger Stellungsanzeige. Da im Bordnetz grundsätzlich einpolig geschaltet wird, findet der einpolige Kipp(moment)schalter als Aufbau (Abb. 87), Einbauschalter (Abb. 88) und als Einsatz ohne Gehäuse in Schalttafeln Anwendung. Jetzige Ausführung immer mit Metalltüllen! In Stromkreisen, wo durch Masseschluß Gefahr des unfreiwilligen und unerwünschten Ansprechens, zweipolige Kippschalter auch größerer Leistung.

Abb. 86
1 poliger Druckknopf, z. B. für die Betätigung einer Hornanlage

Drehschalter (Abb. 89).

Gelegentliche Anwendung als Wahlschalter für viele Schaltstellungen.

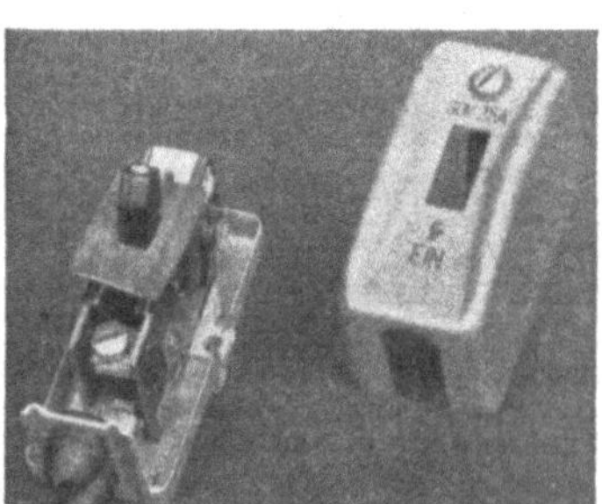

Abb. 87
1 poliger Kippschalter für Aufbau, 25 A

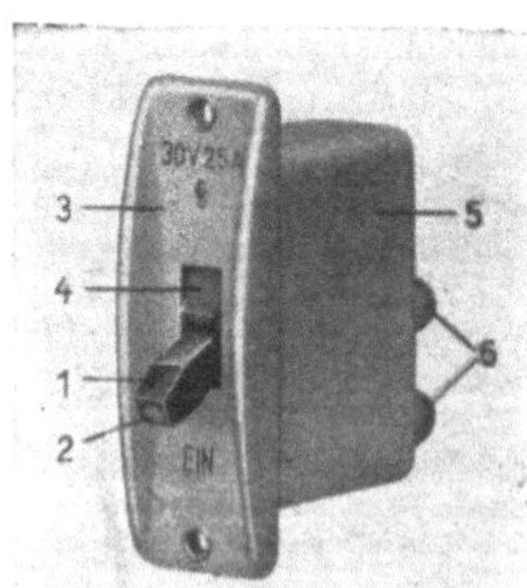

Abb. 88
1 poliger Kippschalter für Einbau, 25 A

E n d s c h a l t e r (Abb. 90).

Als 1poliger Arbeitsstrom- und Ruhestrom-Momentschalter wie

Abb. 89
Drehschalter

Abb. 90
Endschalter, verwendet als Hilfsschalter für Klappen oder Fahrwerk usw., ausgebildet als Kippumschalter, für 6 A

Einfach-Umschalter in gleichgroßem Gehäuse in Betätigungsstromkreisen und Meldeanlagen für Stellungsanzeige.

S o n d e r s c h a l t e r.

Hierunter fallen Schaltgeräte, die aus bekannten Elementen für Sonderzwecke zusammengebaut sind.

1. B e i s p i e l : F a h r w e r k s s c h a l t e r, alter Form, Abb. 91, mit gegenseitiger mechanischer Verriegelung der beiden Betätigungsmöglichkeiten. Die neue Form des Schalters verwendet einen Umschalter mit zwischengeschaltetem Einschalt-Verzögerungswerk in beiden Schaltrichtungen, um plötzliches Umschalten der Fahrwerkbetätigung zu vermeiden.

Abb. 91
Fahrwerksschalter

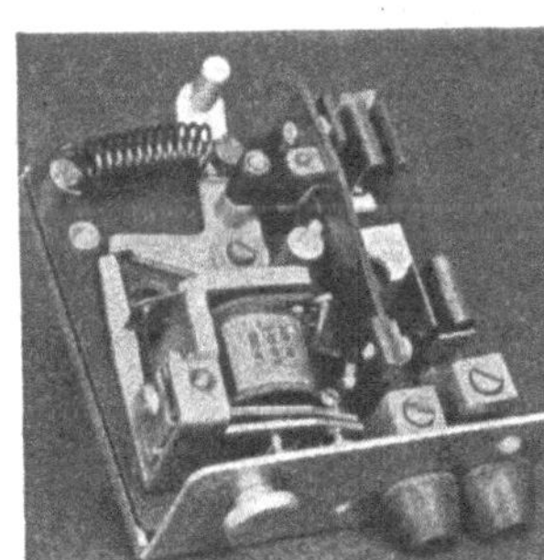

Abb. 92
Geöffneter Ferntrennschalter für die Abschaltung der Sammlerzuleitung, mit Sicherungshalter für Preßstoffsicherungen und Fernauslösungen durch Magnet oder Auslösung von Hand durch Druckknopf

2. B e i s p i e l : F e r n t r e n n s c h a l t e r (Abb. 92) für Abschaltung der

Sammlerzuleitung, mit Sicherungshalter für Preßstoffsicherung, Auslösung von Hand und Fernauslösung durch Magnet über Druckknopf (siehe Abb. 85), der für diesen Zweck mit roter Druckfläche und Aufschrift „Netzausschalter“ versehen ist.

8. Schütze (Magnetschalter)

Schaltschütze (Beispiel Abb. 93) sind elektromagnetisch betätigte Schalter ohne Verklinkung in Schaltstellung. Die Betätigungsleistung beträgt einen Bruchteil der Schaltleistung (Leistungsverstärker), Betätigung durch Dauerkontakt (z. B. Kippschalter) oder durch Druckknopf. Anwendung bei Fernbetätigung von Schaltvorgängen ergibt Vorteil der kurzen Kraftleitungen und der langen Betätigungsleitungen mit nur schwachem Querschnitt.

Abb. 93
2poliges Schütz für 2 × 100 A eingebaut

Steuerschütze (Hilfsschütze) sind ähnlich aufgebaute Geräte. Kontaktbelastung gegenüber Schaltschützen gering, dafür größere Kontaktzahl, Arbeits- und Ruhekontakte gleicher Leistung möglich (Abb. 94). Bei Ruhekontakten Kontaktdruck durch Rückzugfedern.

Anwendung zur Steuerung von Schaltschützen in automatischen Schaltanlagen oder Schaltung von Hilfsstromkreisen.

Abb. 94
5poliges Schütz, belastbar bis 6 A

9. Anzeige- und Meßgeräte

Schauzeichen.

1. Gitterschauzeichen, für verschiedene Strom- und Spannungsbereiche (Abb. 95).
2. Sternschauzeichen, für verschiedene Strom- und Spannungsbereiche.

   Anmerkung: Für Verwendung an solchen Stellen, an denen nur der Betriebszustand der Anlage gekennzeichnet werden soll.

Abb. 95
Gitterschauzeichen zur Überwachung von Strom und Spannung

Spannungsmesser (Abb. 96).

Meßbereich 0 bis 20 oder 0 bis 40 V. Drehspulgerät mit einer Meßgenauigkeit von 3%, bezogen auf den Skalenendwert. Kompaßschirmung durch Eisenmantel. Staub- und spritzwasserdicht. Stromzuführung über Gerätestecker mit Haltebügel.

Abb. 96
Spannungsmesser, ausgebildet als Drehspulinstrument mit einer Meßgenauigkeit von 3 vH., bezogen auf den Skalenendwert, Meßbereich 0--20 oder 0—40 V. Kompaßabschirmung durch Eisenmantel. Staub- und spritzwasserdicht, Stromzuführung über Gerätestecker mit Haltebügel

Strommesser (Abb. 97).

Meßbereich bis 30, 60 und 120 A. Gleiche Ausführung wie Spannungsmesser.

Hierzu: Nebenwiderstände für einen Spannungsabfall von 60 mV bei Nennstrom (Abb.98).

Abb. 97
Strommesser für Meßbereich bis 30, 60 und 120 A. Gleiche Ausführung wie beim Spannungsmesser (Abb. 72). Hierzu Nebenwiderstände nach Abb. 76

Strom-Spannungsmesser (Abbildung 99),

vereinigt Spannungs- und Strommesser in einem Gehäuse. Verschiedene Meßbereiche. Normalerweise wird der Strom dauernd angezeigt; durch Drücken des Knopfes erfolgt Umschaltung auf Spannungsanzeige. Stromanzeige für zwei Richtungen, daher Nullpunkt in der Mitte. Das Gerät wird allgemein in der Sammlerzuleitung vorgesehen.

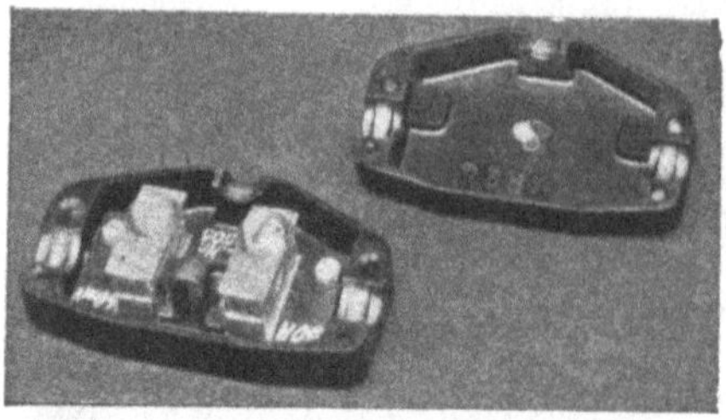

Abb. 98
Nebenwiderstand zum Strommesser (Abb. 74) für einen Spannungsabfall von 60 mV bei Nennstrom

Abb. 99
Vereinigter Strom- und Spannungsmesser für verschiedene Meßbereiche. Normalerweise wird der Strom dauernd angezeigt. Durch Drücken des Knopfes erfolgt Umschaltung auf Spannungsanzeige. Stromanzeige für zwei Richtungen, daher Nullpunkt in der Mitte. Das Gerät wird allgemein in der Sammlerzuleitung vorgesehen

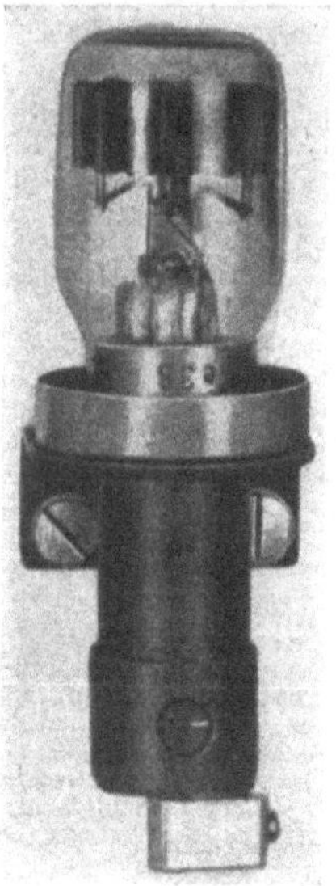

Abb. 100
Glimmlampe

10. Überspannungsableiter

Durch Isolationsfehler kann aus der Funkanlage Hochspannung auf das Bordnetz übertreten. Diese kann die Bordbesatzung stören und die Isolation des Bordnetzes gefährden. Man schaltet daher einen Überspannungsableiter (Abb. 100) zwischen Netz und Masse. Die im Ableiter enthaltene Glimmlampe zündet bei höherer Spannung und leitet somit die Überspannung zur Masse ab.

C. Die Stromversorgungsanlage an Bord des Flugzeuges

1. Größe der Energiequellen

Das Bordnetz umfaßt die Stromerzeugung und Stromverteilung bis zum Verbraucher. An der Sammelschiene wird die elektrische Leistung der Erzeuger (eines oder mehrerer Generatoren oder Sammler) gesammelt und an die Verbraucher weitergeleitet.

Die B e m e s s u n g der L e i s t u n g der S t r o m e r z e u g e r (Generatoren) erfolgt:

1. Für Stromverbraucher, die ihre Leistung d a u e r n d oder über eine längere Zeit erfordern. Hierzu gehören beispielsweise Beleuchtung, Funkgeräte (die immer einsatzbereit sein müssen), Trieb- und Flugwerksüberwachungsgeräte, Heizbekleidungen, Tankpumpen.

2. Für Stromverbraucher, die ihre Leistung nur k u r z z e i t i g benötigen. Hierzu gehören Scheinwerfer, Anlasser, Antrieb für Fahrwerkseinzug und Klappenverstellung, Trimmverstellung.

Nach dem in Abb. 12 gezeigten 1 poligen Schaltplan mit eingetragenen Leistungen (Bordnetz eines zweimotorigen Flugzeuges und

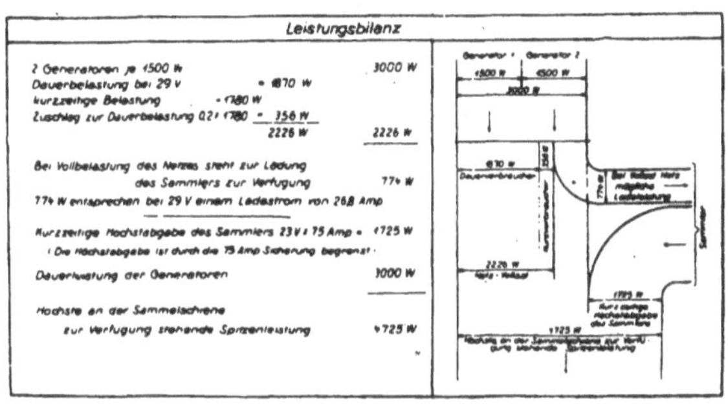

Abb. 101
Leistungsbilanz zu Abb. 78

der zugehörigen Leistungsbilanz, Abb. 101) ergibt sich hiernach eine Dauerleistung von 1870 W. Kurzzeitige Leistungen, die nicht gleichzeitig auftreten, werden nur mit einem Erfahrungswert eingesetzt. Da der Generator die genannte Summenleistung der Dauerverbraucher sowie ¼ seiner Leistung für die Aufladung des Sammlers zur Verfügung halten muß, ergibt sich demnach für das erwähnte Bordnetz eine Generatorenleistung von rund 3000 W. Kurzzeitige Belastungsspitzen (z. B. bei Fahrwerkseinzug) werden, sofern sie die Generatorenleistung überschreiten, vom Sammler gedeckt.

Die B e m e s s u n g der L e i s t u n g des S a m m l e r s erfolgt nach der an den Sammler gestellten Anforderung. Im Winter, bei tiefen Temperaturen, sinkt nach Abb. 41 die Kapazität des Sammlers stark ab. Hinzu kommt, daß ein kalter Flugmotor im Winter zum A n s p r i n g e n häufig mehrere Anlaßversuche erfordert, die den Sammler derart erschöpfen können, daß er während der ersten Zeit des Fluges keine nennenswerte Leistung hergeben kann. (Daher zur Schonung des Bordnetzsammlers beim Anlassen stets Außenbordstromquellen benutzen!)

Fällt der Generator infolge eines Fehlers oder beim Gleitflug mit gedrosselten Motoren aus, dann muß der Sammler die Leistung der für den Weiterflug unbedingt notwendigen Verbraucher noch eine Zeitlang, etwa 10 bis 15 Minuten, herzugeben in der Lage sein.

Bei Notwasserung von Seeflugzeugen muß der Sammler mindestens ½ Stunde lang den Nachrichtendienst aufrechterhalten. Daraus ergibt sich die Notwendigkeit, den Ladezustand des Sammlers während des Fluges zu verfolgen.

Wie aus Schaltplan Abb. 11 (einmotoriges Flugzeug) ersichtlich ist, hat der Sammler bei Flugzeugen ohne elektrischen Anlasser nur die Aufgabe, Stromspitzen und bei Ausfall der Generatoren die gesamte für den Weiterflug notwendige Leistung kurzzeitig zu decken. Wird der Sammler vor dem Abflug durch Prüfung der elektrischen Anlagen nicht zu stark beansprucht, so kann man damit rechnen, daß er während des Fluges dauernd voll geladen ist.

Die in den gezeigten Schaltplänen gegebene Leistungsübersicht entscheidet bereits bei der Planung in jedem einzelnen Fall über die Wahl der Stromerzeugergeräte.

2. Bemessung der Leitungen

Der Spannungsabfall soll, abgesehen von kurzzeitigen Anlaßvorgängen, an keiner Seite des Bordnetzes einen Wert von 5% der Sammelschienenspannung überschreiten.

Außer dem Spannungsabfall ist die Wärmebeanspruchung zu berücksichtigen. Der geringste in dem Stromkreis vorhandene Querschnitt ist für die Wahl der Absicherung maßgebend. Mit Rücksicht auf die mechanische Widerstandsfähigkeit ist für einadrige Leitungen ein Mindestquerschnitt von 0,75 mm² vorgeschrieben; bei Mehrfachleitungen sind Querschnitte bis zu 0,5 mm² herunter zulässig. Im allgemeinen wird die Leitung und nicht das Gerät abgesichert.

3. Schutzeinrichtungen im Bordnetz

Die 2polig isolierte Verlegung von Leitungen dient zur Erhöhung der Betriebssicherheit. Erst zwei Masseschlüsse an verschiedenen Polen geben einen Kurzschluß und damit den Ausfall der betroffenen Anlage. Ferner wird hierdurch die volle

Prüfmöglichkeit erhalten und Funk- und Kompaßstörungen werden sicher vermieden.

Schmelzsicherungen oder Selbstschalter schützen das Bordnetz gegen Störungen durch Fehler in einzelnen Anlagen. Die Selektivität wird dadurch gewährleistet, daß die Sicherungen oder Selbstschalter so aufeinander abgestimmt sind, daß die Strömlieferung nur für den betroffenen Teil des Netzes abgeschaltet wird.

Tritt eine Störung durch Masse- oder Kurzschluß in einer Leitung auf, die nicht richtig oder überhaupt nicht gesichert ist, so kann durch Aufglühen von offenliegenden Leitungen Brandgefahr eintreten.

Eine falsch gewählte Sicherung gefährdet die Arbeit des Bordnetzes. Sicherungen im Generatorkreis schützen die Generatoren nicht vor Überlastung, sondern vor den hohen Kurzschlußströmen des Sammlers, die bei Fehlern in den Generatoren, Reglern oder Zuleitungen auftreten können.

4. Anlaßanlage

Elektrische Anlasser nehmen Spitzenströme von 500 A und mehr auf.

Die Anlaßanlage erhält meist eine eigene Sammelschiene (siehe Übersichtsplan Abb. 12). Sie wird unmittelbar an den Sammler angeschlossen. Der Außenbordanschluß wird ebenfalls an diese Sammelschiene angeschlossen und hat die Aufgabe, das Netz am Boden von der Außenbordstromquelle her mit Strom zu versorgen (Schonung des Bordnetzsammlers). Da die Anlaß-Sammelschiene und ihre Abzweige nicht dauernd ungesichert unmittelbar am Sammler mit seinen hohen Kurzschlußleitungen liegen dürfen, wird die Zuleitung vom Sammler über einen zweipoligen Schalter geführt, der immer nur kurzzeitig bei Bedarf eingelegt wird. Ein auf dem Schalter angebrachter Hinweis besagt, daß der Schalter während des Fluges nicht eingeschaltet werden darf. Bei eingelegtem Schalter leuchtet Warnlampe an der Gerätetafel auf.

5. Ferntrennschalter

Es ist die Aufgabe des Ferntrennschalters, das Abschalten des Sammlers durch Fernbedienung bei einer vorauszusehenden Notlandung, um Brandgefahr durch reißende und funkenverursachende Leitungen auszuschließen. Beim Stand am Boden und Ausbesserungsarbeiten in Halle und Werft wird das Bordnetz durch den Ferntrennschalter spannungslos gemacht.

Die Generatoren werden durch den Ferntrennschalter nicht abgeschaltet; sie können jedoch keine Leistung ins Netz abgeben, da die

Reglerschalter bei Leerlaufgas geöffnet sind. Gefährliche Lichtbögen verursachen nur die Kurzschlußströme des Sammlers.

Der Ferntrennschalter wird in die Zuleitung des Sammlers zur Hauptsammelschiene gelegt. Durch einen in unmittelbarer Nähe des Zündschalters angebrachten Druckknopf (Netzausschalter, Abb. 85) wird der Trennschalter fernausgeschaltet. Die Einschaltung des Ferntrennschalters erfolgt unmittelbar von Hand oder mit Hilfe eines Seilzuges.

IV. Elektrische Anlagen im Flugzeug

A. Beispiele

1. Betriebszündung

Im Zylinder des Otto-Motors wird ein verdichtetes Kraftstoffluftgemisch in einem bestimmten Augenblick durch einen elektrischen Funken zur Explosion gebracht. Der hochgespannte Strom kann auf zwei Arten erzeugt werden. Man kann einen Funkeninduktor verwenden (Batteriezündung), oder man kann, und das ist heute die für die Betriebszündung fast ausschließlich verwendete Form, einen Zündmagneten verwenden, also einen elektrischen Generator, der vom Flugmotor selbst angetrieben wird. In beiden Fällen wird ein hochgespannter Wechselstrom erzeugt, der durch einen Verteiler in den richtigen Augenblicken an die einzelnen Zündkerzen geführt wird.

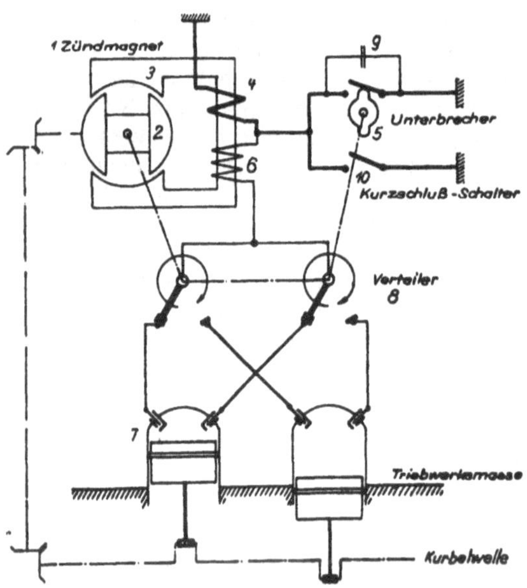

Abb. 102 und 103
Wirkungsbild eines Zündmagneten

Abb.102/03 gibt die grundsätzliche Wirkungsweise eines Zündmagneten wieder. Teil 1 bildet den Generator, der über ein bestimmtes Übersetzungsverhältnis mit der Kurbelwelle des Flugmotors gleichläuft. Der Läufer 2, der in diesem Fall aus einem permanenten Magneten besteht, erzeugt in dem Anker 3 ein magnetisches Wechselfeld, durch das in der Wicklung 4 eine Spannung induziert wird. Diese Spannung hat eine gleichmäßig auf- und absteigende Größe (Sinusform) und ist so zur Zündung noch nicht geeignet, weil die Zündung nicht genau in einem bestimmten Augenblick einsetzen würde. Um dies zu erreichen, mußte man zu einem Hilfsmittel greifen. Von der Welle des Läufers 2 wird der Unterbrecher 5 gesteuert. Dieser unterbricht den von der Wicklung 4 erzeugten und über die Massenverbindung fließenden Strom im Augenblick seiner größten Stärke (Abb. 102/103).

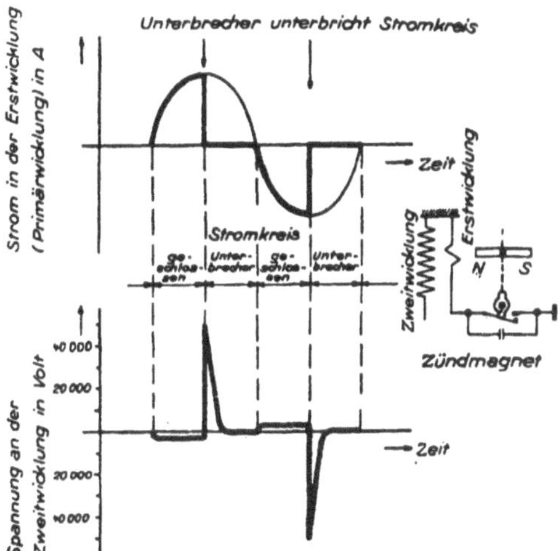

Abb. 104
Wirkung des Zündunterbrechers

Durch die rasche Feldänderung im Anker 3 (Abb. 102/103) wird in der aus vielen Windungen bestehenden Wicklung 6 ein hochgespannter Spannungsstoß erzeugt, der sich über die Zündkerze 7 entlädt. Durch geeignete Kupplung des Läufers 2 mit der Kurbelwelle spielt sich dieser Vorgang genau in dem Augenblick ab, in dem das Kraftstoffluftgemisch entzündet werden soll. Über den Verteiler 8, der mit dem Läufer auf der gleichen Welle sitzt, werden jetzt die einzelnen Hochspannungsstöße jeweils an diejenige Zündkerze geleitet, in deren Zylinder die Entzündung des Gemisches gerade vor sich gehen soll. Der parallel zum Unterbrecher 5 liegende Kondensator 9 beseitigt den Öffnungsfunken des Unterbrechers. Der Zündmagnet ist also im Prinzip ein gesteuerter Funkeninduktor, der, mit der Kurbelwelle des Motors gekuppelt, seine Energie selbst erzeugt, auf hohe Spannung umspannt und richtig verteilt. In Abb. 105 ist ein Zündmagnet im Schnitt dargestellt.

Durch den Schalter 10 in Abb. 102/103 kann der Unterbrecher kurzgeschlossen und damit wirkungslos gemacht werden. Die Erzeugung der hochgespannten Stromstöße hört auf, obwohl sich der Läufer weiter dreht. Durch Einschalten dieses unter der Bezeichnung Zündschalter bekannten Schalters (Stellung „aus") kann also der Flugmotor stillgesetzt werden. Abb. 106/107 zeigt eine ältere und eine neuere ausgeführte Form für einen solchen Zündschalter.

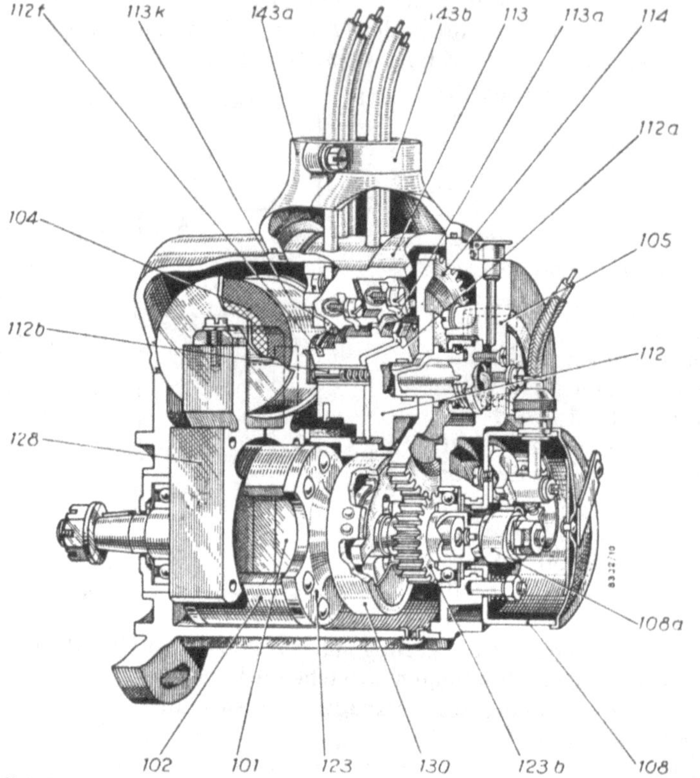

101 = Kobaltstahlmagnet
102 = Magnetpolschuhe
104 = Feststehender Anker
105 = Kondensator
108 = Unterbrechergehäuse
108a = Unterbrechernocken
112 = Verteilerläufer
112a = Betriebselektrode im Verteilerläufer
112b = Kontaktbolzen
112f = Ring im Verteilerläufer
113 = Verteilerbogen
113a = Verteilersegment
113k = Anlaßsegment
114 = Verteilerrad
123 = Läufer
123b = Läuferrad
128 = Ankerschuhe
130 = Verteiler
143a = Entstördeckel
143b = Entstördeckel

Abb. 105. Zündmagnet im Schnitt

Abb. 106
Zündschalter. Alte Form

Abb. 107
Zündschalter. Neue Form

2. Anlaßzündung

Beim Anlassen des Flugmotors wird der Läufer des Zündmagneten so langsam gedreht, daß die durch ihn erzeugte Spannung nicht ausreicht, um an der Zündkerze den Zündfunken einzuleiten. Man muß daher besondere Hilfsmittel verwenden.

Abb. 108
Schnapper

Durch einen am Zündmagneten angebauten Schnapper (Abb. 108) wird erreicht, daß der Zündmagnet auch bei sehr niedriger Drehzahl der Kurbelwelle im Zündzeitpunkt eine ausreichende Spannung erzeugen kann. Beim langsamen Durchdrehen der Kurbelwelle wird die Welle des Zündmagneten zunächst zurückgehalten. Gleichzeitig wird eine Feder gespannt, die im Zündzeitpunkt selbsttätig den Läufer freigibt und diesen mit großer Geschwindigkeit vorschnellt, so daß ein Spannungsstoß von genügender Höhe entstehen kann. Sobald der Motor eine Drehzahl erreicht hat, bei der auch ohne Schnapper eine genügend hohe Spannung erzeugt wird, schaltet sich die Vorrichtung aus, und der Zündmagnet arbeitet in der üblichen Weise mit regelmäßigem Umlauf des Läufers weiter.

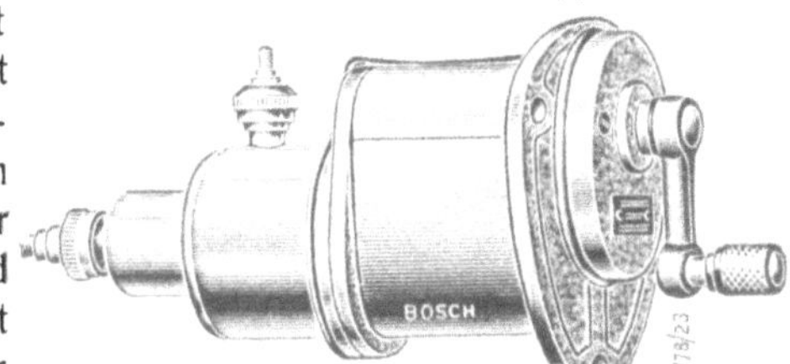

Abb. 109
Anlaßzündmagnet mit Handkurbel

Mit Hilfe eines Anlaßzündmagneten mit Handkurbel nach Abb. 109 kann die erforderliche Hochspannung auch außerhalb des Betriebsmagneten erzeugt werden. Die durch Drehen der Handkurbel im Anlaßmagneten entstehenden Hochspannungsstöße werden über den Verteiler des Betriebszündmagneten im richtigen Zündzeitpunkt den einzelnen Kerzen zugeleitet. Das Verteilerlaufstück besitzt hierzu eine Anlaßelektrode, die der Betriebselektrode um einen gewissen Winkel nacheilt. Durch diese Spätzündung wird ein Zurückschlagen des Flugmotors während des Anlaßvorganges vermieden.

Abb. 110
Zündspule

Die Anlaß-Summerzündung ist die gebräuchlichste Ausführung, Erzeugt wird die Hochspannung mit Hilfe einer Zündspule (Abb. 110) und eines Summer-Unterbrechers (Abb. 111). Bei eingeschalteter Zündung fließt

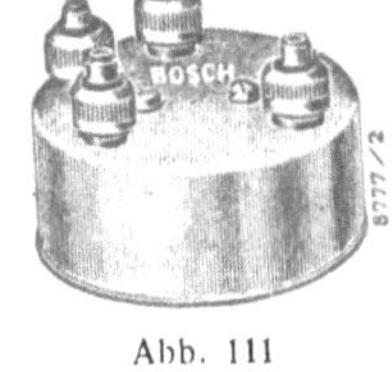

Abb. 111
Summer-Unterbrecher

ein Strom von dem elektrischen Sammler über den geschlossenen Summer-Unterbrecher durch die wenigen dicken Primärwindungen der Zündspule. Das hierbei entstehende Magnetfeld bricht jedesmal beim Öffnen des Summer-Unterbrechers zusammen und ruft in der aus vielen dünnen Windungen bestehenden zweiten Wicklung der Zündspule Hochspannungsstöße hervor, die wie unter b) über den Verteiler den Zündkerzen zugeleitet werden.

3. Zündzeitpunktverstellung

Der beste Wirkungsgrad des Flugmotors wird erreicht, wenn der Zeitpunkt des Zündens entsprechend der Drehzahl der Kurbelwelle verändert wird. In der einfachsten Form kann die Verschiebung des Zündzeitpunktes erreicht werden durch eine Verdrehung des Nockens vom Unterbrecher (5 in Abb. 104 und 108a in Abb. 105). Diese Verstellung kann erfolgen durch eine Hebel- oder Bowdenzugübertragung von Hand oder durch Fliehkräfte, die in den Zündmagneten selbst eingebaut sind. Am meisten gebräuchlich ist jedoch die rein elektrische Zündzeitpunktverstellung (Abb. 112). Es ist möglich, mit zwei Einstellungen für den Zeitpunkt auszukommen, und zwar einmal für Anlassen und Leerlauf, zum anderen für Reise- und Vollgasflug. Der Zündmagnet erhält zwei Unterbrecher, deren Öffnung zeitlich um einen bestimmten Betrag verschoben ist. Beide Kontakte sind parallel geschaltet. Der Kontakt „S“ (später öffnend) ist über den Zündverstellschalter auf Frühzündung gestellt, dann wird die Verbindung des Kontaktes „S“ mit der Masse unterbrochen, so daß sein Spiel wirkungslos ist. Wird dagegen auf Stellung Spätzündung der Kontakt „S“ an Masse gelegt, so wird durch ihn das Spiel bestimmt, da die Öffnung des Kontaktes „F“ (früher unterbrechend) solange wirkungslos bleibt, wie über den Kontakt „S“ die Masseverbindung besteht. Der Zündverstellschalter kann von Hand betätigt werden (meistens eingebaut in den Zündschalter), oder aber er wird

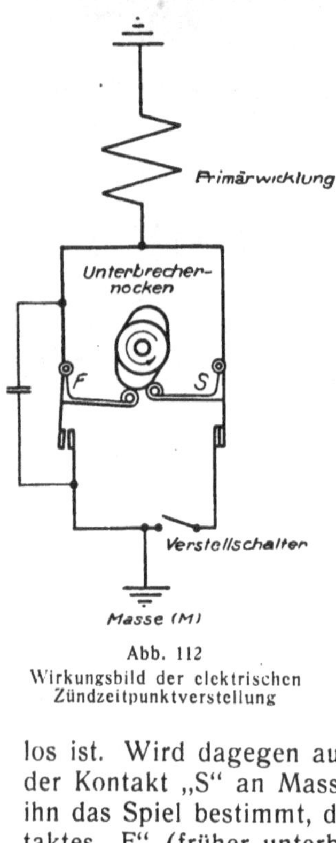

Abb. 112
Wirkungsbild der elektrischen Zündzeitpunktverstellung

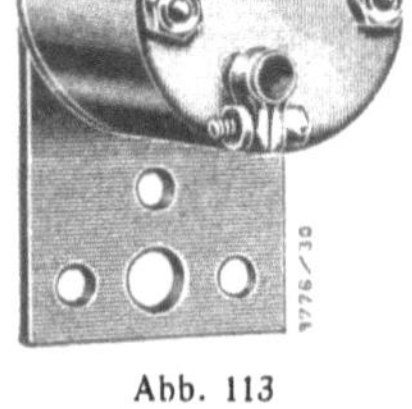

Abb. 113
Zündverstellschalter

in Form eines Schleppschalters mit dem Gestänge des Gashebels verbunden. Letztere Art befreit den Flugzeugführer von der Überwachung und Betätigung dieses Vorganges (Abb. 113).

4. Schaltungsbeispiel

Abb. 114 zeigt den Stromlaufplan einer Zündanlage mit Selbstverstellung und Summeranlaßzündung. Aus Gründen der Betriebs-

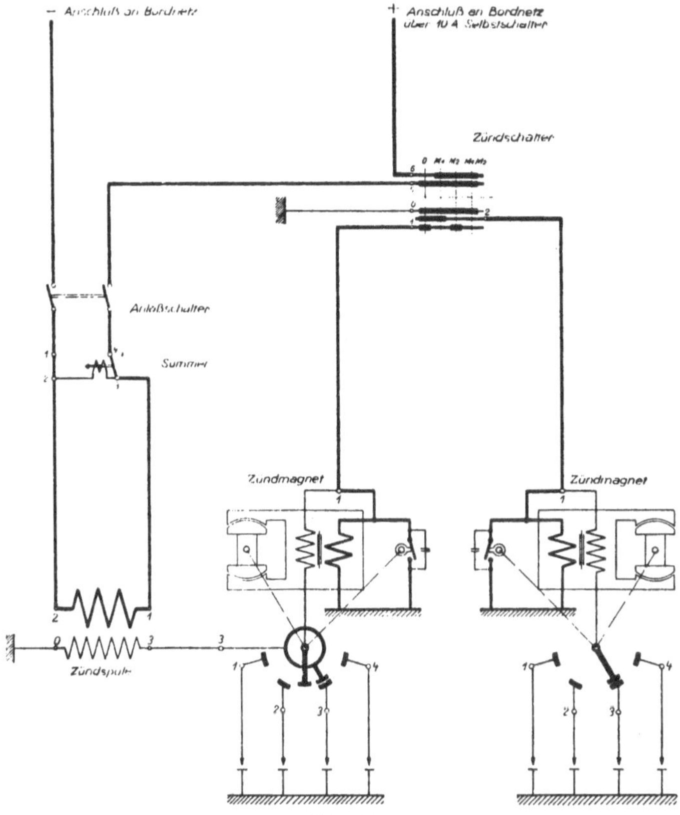

Abb. 114
Stromlaufbahn einer Zündanlage mit zwei Einfachmagneten (mit Selbstverstellung und Summeranlaßzündung)

sicherheit werden grundsätzlich zwei Zündmagnete vorgesehen. Die Wirkungsweise der einzelnen Zündmagnete entspricht dem in Abb. 104 dargestellten Prinzip. Der Zündschalter besitzt vier Stellungen. Es ist möglich, durch die Stellung „0" beide Zündmagnete außer Betrieb zu setzen. In der Stellung M 1 und M 2 sind beide Magnete in Betrieb.

Die beiden Mittelstellungen gestatten, jeden der beiden Zündmagnete durch Ausschalten des anderen allein in Betrieb zu übernehmen und zu überprüfen. Mit dem Hebel des Zündschalters ist ein Hilfskontakt gekuppelt, der in der Stellung „0" die Stromzufuhr zur Anlaßzündung unterbricht. In der Stellung „0" ist also eindeutig die gesamte Zündanlage außer Betrieb gesetzt. Die Summeranlaßzündung wird entweder durch einen besonderen Schalter oder bei Vorhandensein eines elektrischen Anlassers, bei dem Anlaßvorgang über einen Schleppschalter oder besondere Kontakte des Anlaßschalters kurzzeitig während des Durchdrehens des Motors eingeschaltet. Von der Hochspannungswicklung der Zündspule wird der Strom, wie aus dem Wirkungsbild ersichtlich, an eine besondere Anlaßelektrode geführt.

5. Zwillingszündmagnet

Betriebszündung. Da sich ergeben hat, daß an dem mechanischen Teil der Zündmagnete kaum Störungen auftreten, ferner

Abb. 115
Zwillingszündmagnet

zwei Einzelzündmagnete auch einen verhältnismäßig großen Gewichts- und Raumaufwand erfordern, wurden beide Zündmagnete zu einem einzigen Gerät vereinigt. Dabei ist nur der mechanische Teil der beiden Geräte zu einem vereinigt, während der elektrische Teil getrennt blieb. In Abb. 115 ist ein Zwillingszündmagnet in der Ansicht dargestellt. Die prinzipielle Wirkungsweise entspricht dem auf Seite 93 Gesagten. Der Stromverlauf ist aus Abb. 116 ersichtlich.

Als Anlaßzündung kommt für den Zwillingszündmagneten ausschließlich die Anlaß-Summerzündung in Frage.

Hierbei sind die Wicklungen des Zündmagneten so bemessen, daß die Zwischenschaltung einer besonderen Zündspule nicht erforderlich ist. Da die Primärwicklungen des Zündmagneten

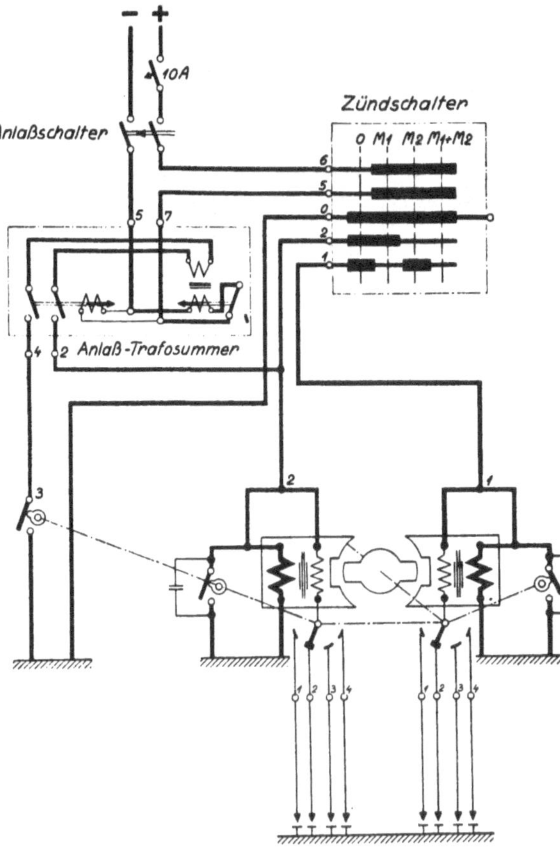

Abb. 116
Stromlaufplan einer Zündanlage mit Zwillingszündmagnet

betriebsmäßig einseitig an Masse liegen, ist, um bei eventuell vorhandenem Masseschluß im Bordnetz eine Beschädigung des Zündmagneten infolge Kurzschlusses zu vermeiden, ein Anlaßtransformatorsummer (Abb. 117) zwischengeschaltet. Dieser trennt den Zündmagneten galvanisch vom Bordnetz. Stromverlauf vom Bordnetz über Anlaßschalter, Hilfskontakte des Zündschalters, Primärwicklung und Unterbrecher des Trafosummers zum Bordnetz zurück. Durch Induktion entsteht in der Sekundärwicklung des Trafosummers eine Spannung, die über ein zweipoliges Relais und den Hilfsunterbrecher einer der Primärwicklungen des Zündmagneten zugeleitet wird. Die durch den Betriebsunterbrecher beim Anlaßvorgang herbeigeführte Strom- und damit verbundene Feldänderung im magnetischen

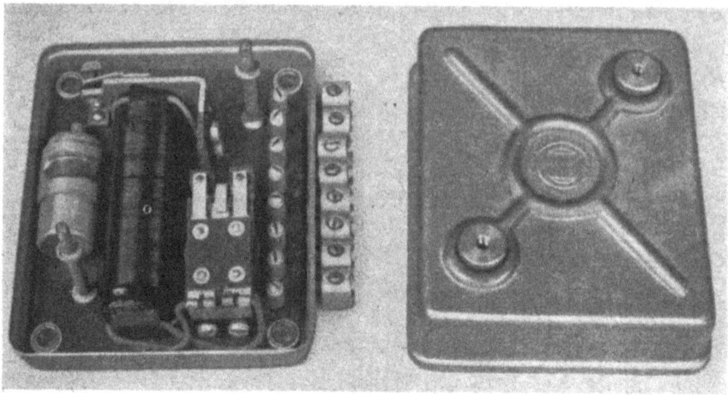

Abb. 117
Anlaß-Trafosummer

Kreis des Zündmagneten läßt in der aus vielen Windungen bestehenden Sekundärwicklung einen genügend hohen Spannungsstoß entstehen, der über den Verteiler im richtigen Zündzeitpunkte der Kerze zugeleitet wird und dort den Zündfunken erzeugt.

Die Zündzeitpunktverstellung geschieht beim Zwillingszündmagneten mechanisch über ein Gestänge, welches mit dem Gashebel gekuppelt ist. Bei Betätigung des Gashebels wird die Läuferwelle des Magneten gegenüber der Antriebswelle so verstellt, daß der Unterbrecher früher öffnet und damit der Zündfunken früher einsetzt (Frühzündung).

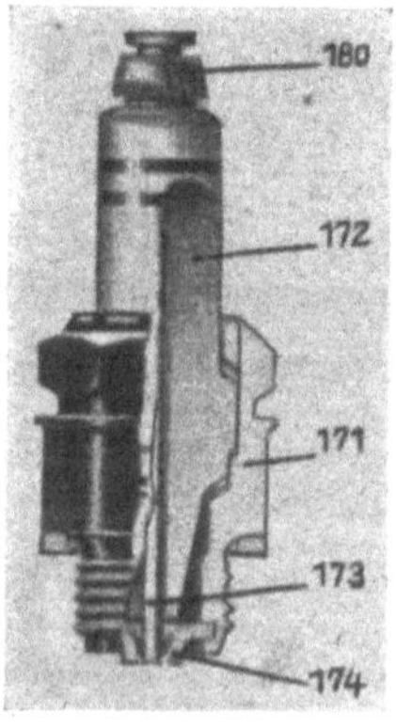

Abb. 118
Zündkerze

6. Zündkerze

Der Aufbau einer Zündkerze ist in Abb. 118 dargestellt. Die Zündkerze besteht aus dem Kerzengehäuse 171 aus Stahl, dem Isolierkörper 172 aus Glimmer oder einem keramischen Stoff und der Mittelelektrode. Das Kerzengehäuse trägt die Masseelektrode 174. Zwischen den beiden Elektroden, die im Verbrennungsraum des Zylinders liegen, entsteht der Lichtbogen. Die Mittelelektrode trägt am oberen Ende den elektrischen Anschluß für die Zündleitung.

Aus Gründen der Funkentstörung werden Kerze und Zündleitung metallisch vollkommen geschirmt und gut abgebunden. Abb. 119 zeigt eine Entstörkappe und den Anschluß der Zündleitung. Bei einer weiteren Ausführungsform der Zündkerze (Abb. 120) ist die metallische

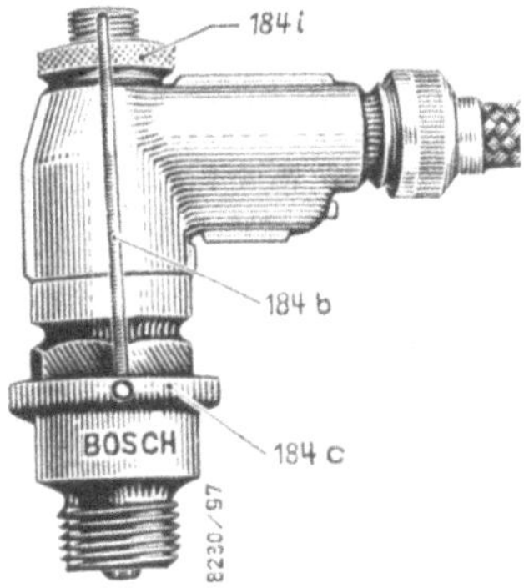

Abb. 119
Zündkerze mit Entstörkappe

Abb. 120
Zündkerze mit metallischer Abschirmung (entstörte Zündkerze)

Schirmung mit der Kerze zu einem Teil vereinigt. Die Funkentstörung ist bei dieser Ausführung gegenüber der aufgesetzten Kappe bedeutend verbessert worden.

7. Die Verlegung der Zündleitungen am Motor

Die am Motor verlegten Zündleitungen sind außerordentlichen Beanspruchungen ausgesetzt. Im Abschnitt III B sind die Forderungen bezüglich Temperatur, Kraftstoff- und Brennstoffempfindlichkeit und die elektrischen Anforderungen durch die hohe Spannung und die Ozonbildung infolge des elektrischen Feldes eingehend geschildert worden. Als maßgebende Forderung für die Verlegung kommt die Funkentstörung hinzu.

Um diesen schwierigen Bedingungen zu genügen, werden die Zündleitungen in gemeinsamen Rohren, aus denen kurze Stichleitungen zu den Kerzen führen, verlegt. Diese Rohre bilden sowohl den mechanischen Schutz als auch die elektrische Schirmung. Die metallumflochtene Zündleitung besitzt eine verhältnismäßig hohe Kapazität. Die Verlegung von nicht einzeln geschirmten Zündleitungen in gemeinsamen Rohren bringt weiter den Vorteil, daß die im Zündmagneten erzeugte elektrische Leistung wirklich der Kerze zugeführt und nur zum geringen Teil durch die kapazitive Belastung verschluckt wird.

Abb. 121 und 122 zeigen ausgeführte Anlagen. Auswechselbarkeit des gesamten Geschirrs, Zugänglichkeit zu den einzelnen Kerzen, die Sorge für Spritzwasserschutz und Abflußmöglichkeit für Schwitzwasser sind die hauptsächlichsten Gesichtspunkte für die Konstruktion.

8. Anlaßanlage

Das bei Automobilmotoren übliche Verfahren, den Motor zum Anlassen mit einer Handkurbel oder durch einen Durchdrehmotor anzuwerfen, stößt bei Flugmotoren auf Schwierigkeiten, die durch die Größe der Motoren bedingt sind. Man hat daher zum Anlassen des

Abb. 121
Verlegung entstörter Zündleitung in Rohren

Flugmotors zu einem anderen Verfahren gegriffen. Ein Schwungrad wird durch einen Elektromotor oder durch eine Handkurbel auf eine hohe Umdrehungszahl gebracht und dann über eine Klauenkupplung mit der Kurbelwelle des Flugmotors verbunden. Der Motor wird auf diese Weise angerissen und einige Male durchgedreht. Die Vorteile sind geringes Gewicht der ganzen Anlage und gleichmäßige Leistungsabgabe.

Abb. 123 zeigt einen solchen Anlasser im Schnitt und Abb. 124 in der Ansicht. Das Schwungrad 358 in Abb. 131 wird durch den Elektromotor 367 auf hohe Drehzahl gebracht (etwa 14000 U/min). Die Wucht dieses Schwungrades wird über ein Übersetzungsgetriebe, die Lamellenkupplung 360 und die Klauenkupplung 373 auf die Kurbelwelle des Motors übertragen. Die Kupplung 360 überträgt nur ein bestimmtes Drehmoment und schützt den gesamten Anlasser vor zu großen Beanspruchungen. Das Einkuppeln der Kupplungsklaue in die Gegenklaue der Kurbelwelle geschieht durch die Schubstange 375 a. Diese Schubstange ist mit dem Winkelhebel 375 d verbunden und kann entweder von Hand oder durch einen Elektromagneten betätigt werden. Auf die Welle 356 kann eine Handkurbel gesteckt werden, um bei Nichtvorhandensein eines ausreichend großen Sammlers den Anlasser von Hand aufzuziehen. Abb. 125 zeigt den Stromverlauf, der sich bei einem Anlaßvorgang

Abb. 122
Verlegung entstörter Zündleitungen

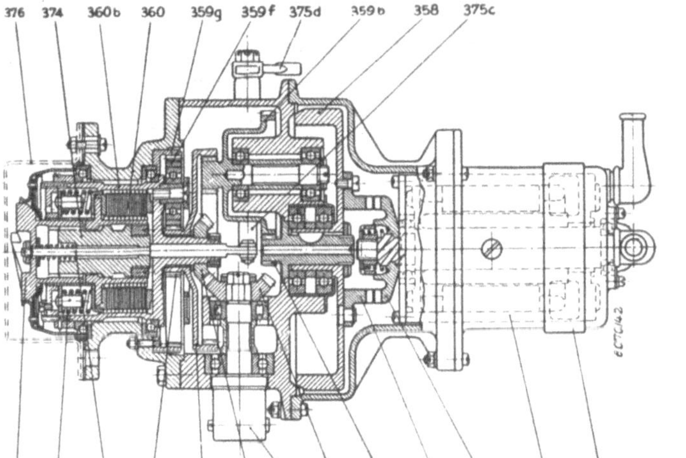

356 = Welle für Handantrieb
358 = Schwungrad
359a = Schwungradritzel
359b = Stirnrad
359 f = Planetenrad
359g = Zahnkranz
360 = Lamellenkupplung
360b = Kupplungsgehäuse
367 = Elektromotor (bzw. Anlassermotor)
368 = Verschlußband
369 = Kupplungsklaue (Elektromotor)
370 = Kupplungsklaue (Schwungrad)
373 = Kupplungsklaue
374 = Steilgewindestück
375a = Schubstange
375b = Hebel
375c = Welle
375d = Hebel
376 = Schutzkapsel

Abb. 123. Schwungkraft-Anlasser im Schnitt

einstellt. Während einer Dauer von 10—15 sec werden ganz erhebliche Stromstärken benötigt. Die erste Stromspitze beträgt etwa 400—500 A. Der Strom klingt dann auf einen konstanten Wert von etwa 60 A bei 24-Volt-Anlagen ab. Aus dieser Stromkurve ergibt sich, daß die Widerstände zwischen Sammler und Anlasser so klein wie möglich gehalten werden müssen. Da es unzweckmäßig ist, die starken Leitungen über die Stellen zu führen, an denen die Schalter für die Betätigung angebracht werden müssen, und da diese Schalter infolge ihrer Größe viel Platz beanspruchen würden, wird der Strom über Schütze eingeschaltet.

Abb. 124
Eingebauter Schwungkraftanlasser

In Abb. 9 ist der Grundschaltplan einer vollständigen Anlaß- und Zündeinrichtung dargestellt. Als Leitungsquerschnitt für die Zuleitung zum Anlasser wird meist 10 mm², bei größeren Längen und 12-Volt-Anlagen 16 mm² gewählt.

Die Einschaltung erfolgt durch den Schalter nach Abb. 126, der, als Umschalter ausgebildet, beim Ziehen den Anlasser-Motor über das Schütz einschaltet und nach Erreichung der erforderlichen Drehzahl beim Drücken durch die elektrische Kupplung das Schwungrad des Anlassers mit dem Motor kuppelt.

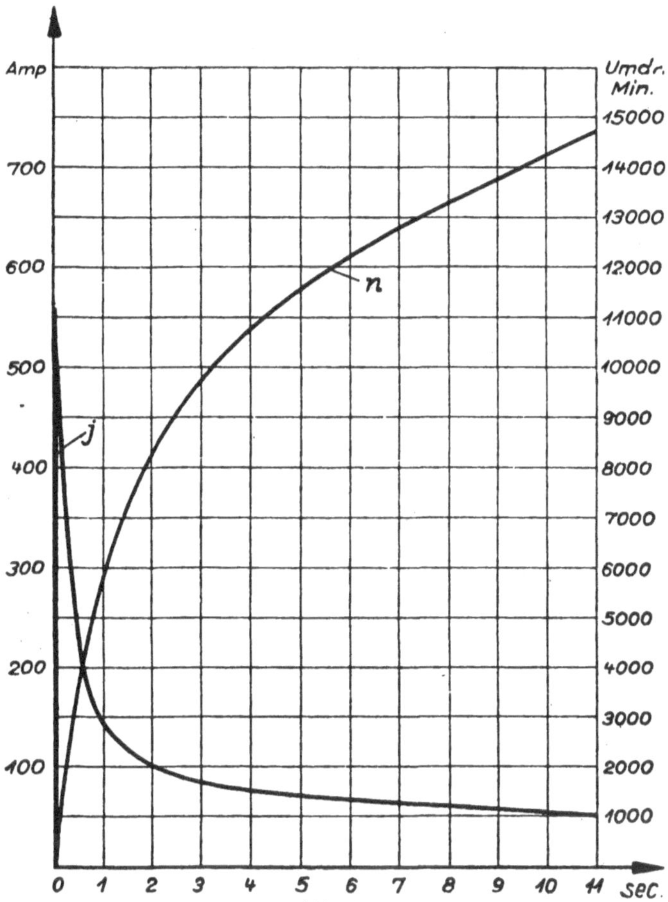

Abb. 125
Zeitlicher Verlauf von Ankerstrom und Drehzahl eines Anlaßmotors im Anlauf (Bordnetzspannung 24 V)

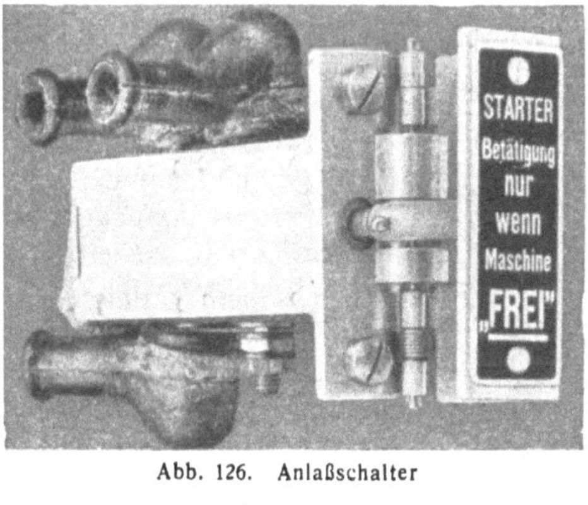

Abb. 126. Anlaßschalter

B. Beleuchtungsanlage

Für das Fliegen bei Nacht muß das Flugzeug mit einer Beleuchtungsanlage ausgerüstet sein, welche Gerätebeleuchtung, Raumbeleuchtung, Kennlichter zur Kennzeichnung des Flugzeuges, Merklampen zur Überwachung von Betriebsvorgängen und -zuständen und Flugzeugscheinwerfer zur Beleuchtung der Landefläche umfaßt. Das Schaltbild einer solchen Anlage für ein neuzeitliches Flugzeug ist in Abb. 15 gezeigt. Die Beleuchtungsanlage ist über das gesamte Flugzeug verteilt, wobei einzelne Verbrauchergruppen mit gleichem Verwendungszweck vielfach zu gemeinsamen Stromkreisen zusammengeschlossen sind. Der Elektrotechniker ist nicht nur für den elektrischen Teil der Geräte, den er als Verbraucheranlage einbaut, überwacht und wartet, verantwortlich, sondern auch für den beleuchtungstechnischen Teil.

1. Glühlampen

Die Glühlampe besteht aus dem luftleer gepumpten Glaskolben mit eingeschmolzenem Leuchtdraht und dem Sockel. Dieser paßt in die entsprechende Gerätefassung und gibt dort Kontakt. Der Wolfram-Leuchtdraht ist besonders bei den Glühlampen kleiner Leistung nur wenige Tausendstel Millimeter stark. Er wird spiralig aufgewickelt — „gewendelt". Man spricht daher von der „Wendel". Auf diese Weise kann eine verhältnismäßig große Drahtlänge in kleinem Raum untergebracht werden. Gleichzeitig erhöht diese Verkürzung des Leuchtsystems die Lichtausbeute. Wird die Wendel noch einmal gewendelt, erhält man eine „Doppelwendel". Dadurch wird eine weitere Erhöhung der Lichtausbeute, aber auch eine Vergrößerung der Empfindlichkeit erhalten.

Der durch den Stromdurchfluß erhitzte Leuchtdraht verdampft, und zwar desto schneller, je höher die Temperatur des Drahtes ist. Hochbelastete Glühlampen haben daher eine geringere Lebensdauer.

Der Metalldampf schlägt auf der Kolbeninnenwandung nieder und bildet eine den Lichtdurchtritt verringernde Schicht. Mit der Verdampfung wird der Drahtdurchmesser und damit der Stromdurchfluß kleiner. Das bedeutet weitere Verminderung der Lichtabgabe. Merklich geschwärzte Glühlampen sind daher auszuwechseln. Man begrenzt die Verdampfungsgeschwindigkeit, indem man die Lampen nach der Luftentleerung mit einem Edelgas füllt.

Im Flugzeugbetrieb müssen hohe Lichtleistungen auf möglichst kleinem Raum erreicht werden. Der Leuchtdraht muß also verhältnismäßig hoch belastet sein. Diese Forderung im Verein mit der starken Erschütterungsbeanspruchung setzt dann die Lebensdauer der Flugzeuglampen herab. Während für eine normale Glühlampe eine

Lebensdauer von 1000 Stunden vorgeschrieben ist, wird für Flugzeuglampen nur eine von 300 Stunden und für die nur bei der Landung benötigten Scheinwerferlampen 100 Stunden verlangt.

2. Gerätebeleuchtung

Die Gerätebeleuchtung erfordert bei den neuzeitlichen Flugzeugen mit ihrer Vielzahl von Geräten besondere Aufmerksamkeit bei Konstruktion, Einbau und Betriebsüberwachung. Hierbei muß berücksichtigt werden, daß das Auge des Flugzeugführers beim Nachtflug durch die ständige Beobachtung der in Dunkelheit liegenden Landschaft auf Dunkelsehen eingestellt ist; es wird daher durch ein zu hell oder ungleichmäßig beleuchtetes Gerätebrett geblendet. Die Beleuchtungsstärke auf den Skalen der Geräte braucht aus diesem Grunde nur gering zu sein, die Geräte müssen aber gleichmäßig voll ausgeleuchtet werden; hierzu müssen die Leuchten etwa 20 cm vor dem Gerätebrett angebracht sein, da die Skalen der Geräte häufig tief liegen. Vor allem müssen auch Blendungen durch unmittelbaren Einblick in die Geräteleuchten und Spiegelungen in den Verglasungen der Kanzel vermieden werden. Je nach der Dunkelheit der Umgebung muß sich der Grad der Beleuchtung während des Fluges leicht ändern lassen.

Abb. 127
Blendungsfreie Gerätebeleuchtung

Für Geräte-Allgemeinbeleuchtung sind Leuchten verschiedener Formen und Größen entwickelt worden. Abbildung 127 zeigt eine Ausführung einer Geräte-Allgemeinbeluchtung mit normalen Glühlampenleuchten. Diese sind mit einer doppelpoligen Swanfassung für Flugzeugglühlampen 3—5 Watt ausgerüstet. Sie besitzen eine abnehmbare, verstellbare Blendkappe, die als einfacher Blechschirm oder als Schute ausgebildet ist. Durch solche Blenden lassen sich direkter Einblick und Spiegelungen fast vollkommen abschirmen. Außerdem ist bei der Einstellung der Leuchtenblende darauf zu achten, daß kein Licht nach außen tritt und so beim Feindflug den Flugzeugstandort angibt. Je nach der Zahl und Art der zu beleuchtenden Geräte können die Gerätelampen einzeln oder in Gruppen durch Vorschalten eines Regelwiderstandes verdunkelt werden, so daß sich die Beleuchtungsstärke auf den Geräteskalen beliebig herabsetzen läßt.

Für Einzelbeleuchtung von Geräten werden unter Berücksichtigung der gleichen Gesichtspunkte kleinere Geräteleuchten für einpolige Glühlampen 1,5—3 Watt verwendet. Neben dem Gerät angebracht, hellen sie die Umgebung oder andere Stellen im Flugzeug mit auf. Daher ist man dazu übergegangen, die Beleuchtung konstruktiv mit dem Gerät zu vereinigen. Das läßt sich z. B. dadurch lösen, daß der Instrumentenform angepaßte Leuchtringe auf die Geräte aufgesetzt werden. Eine im Leuchtring eingebaute Glühlampe ergibt zusammen mit einer Plexiglas-Lichtführung eine gleichmäßige Ausleuchtung des Geräts.

3. Selbstleuchtende Geräteskalen, UV-Beleuchtung

Bei fast sämtlichen Geräten im Flugzeug sind die Skalen und Zeiger mit Leuchtfarben ausgelegt. Sie leuchten bei abgeschalteter Gerätebeleuchtung, z. B. kurz vor der Landung, schwach mit eigenem Licht, so daß sich der Flugzeugführer völlig auf die äußere Dunkelheit einstellen kann. Die Leuchtfarbe läßt mit der Zeit wegen innerer Umwandlung an Helligkeit nach; durch Bestrahlen mit einer Taschenlampe kann sie für kurze Zeit zu hellem Nachleuchten angeregt werden.

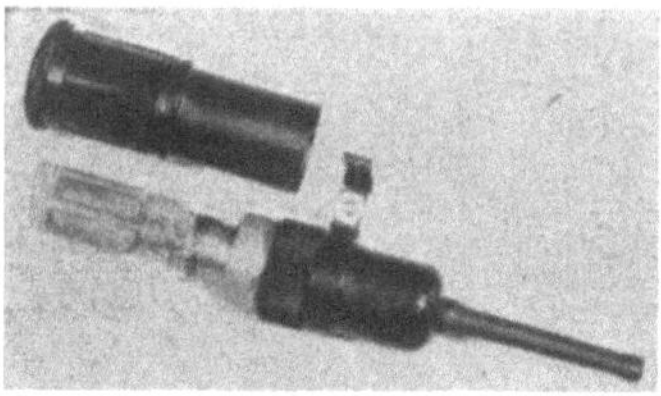
Abb. 128
UV-Strahler

Diese Anregung erfolgt auch durch unsichtbares, und zwar (ultraviolettes) UV-Licht. Durch anhaltendes Bestrahlen mit UV-Licht kann die Leuchtfarbe zum genügend hellen Leuchten gebracht werden, ohne daß die Kanzel sonst unnötig aufgehellt wird. Diese Art der Gerätebeleuchtung hat sich bei langen Nachtflügen besonders gut bewährt, da sie den Flugzeugführer am wenigsten ermüdet. Für neuere Flugzeugmuster wird daher die UV-Beleuchtung eingeführt (Abb. 128), auf Glühlampenleuchten kann aber nicht völlig verzichtet werden, da manche Geräteskalen nicht ausreichend mit Leuchtfarbe ausgelegt werden können, und da auch eine allgemeine Beleuchtung bei Betätigung der Handgriffe und Schalter, z. B. vor dem Start, notwendig ist.

Als UV-Lichtquelle dient eine Quecksilberdampf-Niederdrucklampe (Abb. 128 a). Diese enthält in ihrem unteren Teil eine Glühkathode, die nach Einschalten der UV-Anlage die Quecksilberdampf-Entladung einleitet. Der Entladungsstrom fließt über die Wicklung eines Relais im Zusatzgerät (Abb. 129), das die Heizung der Glühkathode abschaltet, da sich die Entladung nach der Zündung selbst erhält. Die Lampe würde dann beim Anlegen der 24-Volt-Spannung einen immer größer werdenden Strom — bis zur Zerstörung der Lampe! — aufnehmen. Das Zusatzgerät enthält daher noch einen Wolfram-Wasserstoff-Widerstand (Abbildung 128 b) als Vorschaltwiderstand. Dieser begrenzt die Stromaufnahme der Lampe und hält den Strom bei Spannungsschwankungen auf gleicher Höhe. Hierdurch wird ruhiges Brennen der Entladung erreicht. Tritt jedoch eine Spannungsunterbrechung auf, erlischt die Lampe. Das Relais schaltet die Heizung wieder ein und das Spiel beginnt von neuem.

Man merke: Schon eine kurzzeitige Spannungsunterbrechung bringt die UV-Lampe zum Erlöschen. Der Zündvorgang beansprucht einige Zeit. Diese ist desto länger, je kälter die Lampe! UV-Lampe nur im zugehörigen Gerät benutzen, da sonst Kurzschlußgefahr!

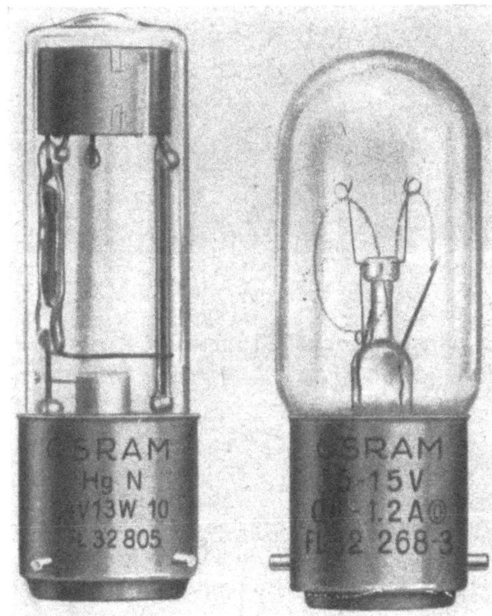

Abb. 128 a und b

a) Quecksilberdampfniederdrucklampe b) Wolframwasserstoffwiderstand

Die Entladung erfüllt den Innenraum der Lampe und enthält neben der unsichtbaren UV-Strahlung sichtbares Licht. Die Lampe wird daher in eine lichtdichte Leuchte (Abb. 128) eingebracht. Die UV-Strahlung tritt aus einem UV durchlässigen Schwarzglasfenster. Hinter dem Fenster befindet sich eine verstellbare Blende zur Regelung des austretenden UV-Lichtes. Verstellung der Blende erfolgt durch Rastenrad am Kopf der Leuchte. Eine besonders ausgeprägte Rastung gibt an, daß Blende geschlossen ist.

Zusatzgerät Leuchte

Abb. 129

UV-Beleuchtung

Der unmittelbare Einblick in UV-Strahlung erzeugt ein Fluoreszieren der Augenflüssigkeit — ein unschädlicher, aber unangenehm empfundener Reiz der Augen, der die Sehschärfe herabsetzt. Daher UV-Strahler so drehen, daß kein unmittelbares UV-Licht die Augen trifft.

4. Raumbeleuchtung

Für die Beleuchtung der Innenräume des Flugzeuges sind verschiedenartige Leuchten im Gebrauch. Allgemeine Beleuchtung des führungsformen zeigt. Mit beweglichen erzielt, von denen Abb. 130 drei Aus-Innenraumes wird durch Deckenleuchten

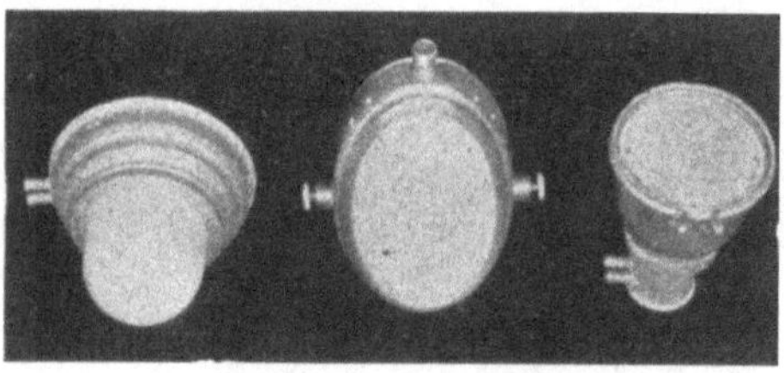

Abb. 130
Allgemeine Raumleuchten

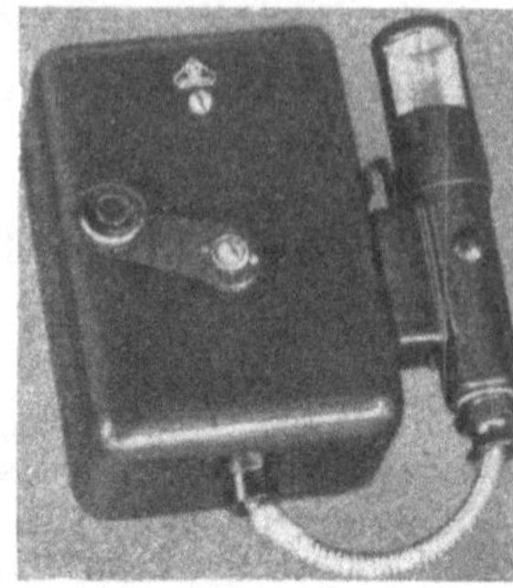

Abb. 131
Handleuchte mit Leitungsrolle

Handlampen mit Leitungsrollen nach Abb. 131 kann man für Arbeiten im oder am Flugzeug jede Stelle beleuchten.

5. Kennlichter

Bei Nacht führen die Flugzeuge an den Flügelenden rote und grüne, am Heck weiße Kennlichter, damit die Flugzeugbesatzungen bei Begegnungen rechtzeitig aufeinander aufmerksam werden und die gegenseitige Flugrichtung erkennen können. Die Tragweiten der Kennlichter müssen bei den hohen Geschwindigkeiten der neuzeitlichen Flugzeuge so groß wie möglich sein. Die hierfür erforderlichen Lichtstärken sind durch die „Verordnung für den Luftverkehr" gesetzlich festgelegt. Bei einer vorgeschriebenen Lichtstärke von 33 Hefner-Kerzen in Flugrichtung — die Hefner-Kerze ist die Einheit der Lichtstärke — beträgt die Tragweite in dunkler Nacht bei klarer Sicht 8 km. Zwei z. B. mit 400 km je Stunde Geschwindigkeit einander begegnende Flugzeuge haben somit zum Wahrnehmen der Lichter, zum Erkennen der gegenseitigen Flugrichtung und zum Ausweichmanöver nur 36 sec Zeit. Nach den Seiten nimmt die erforderliche Tragweite ab, da bei sich kreuzenden Flugrichtungen die Geschwindigkeit der Flugzeuge zueinander kleiner ist. Das Hecklicht braucht nur eine Tragweite von 3 km zu haben. Die Lichtverteilung muß in den vorgeschriebenen Winkeln auch nach oben und unten eingehalten werden, da z. B. in der Nähe von Flughäfen beim Start oder bei der Landung aufsteigende oder kurvende Flugzeuge sich so begegnen können, daß sie in irgendeiner schrägen Lage aufeinander zukommen. Es ist daher bei einigen Flugzeugmustern erforderlich, zwei Heckleuchten anzubringen, da der Sichtbereich z. T. durch das Leitwerk eingeschränkt wird.

Abb. 132
Seiten-Kennleuchten

Die Kennleuchten können wegen der Anbringung an den häufig sehr dünnen Flügelenden nur **kleine Abmessungen** haben. Die aufgewendete elektrische Leistung darf trotz der sich durch die Einfärbung der Farbgläser zwangsläufig ergebenden Lichtschwächung nicht zu hoch sein, damit die Geräte nicht **übermäßig heiß** werden. Die Kennleuchten müssen daher **optisch und elektrisch besonders sorgfältig** durchgebildet sein.

Für die Seitenkennleuchten (Abb. 132) wird eine besondere, hochbelastete 25-Watt-Glühlampe verwendet, deren Leuchtkörper aus zwei

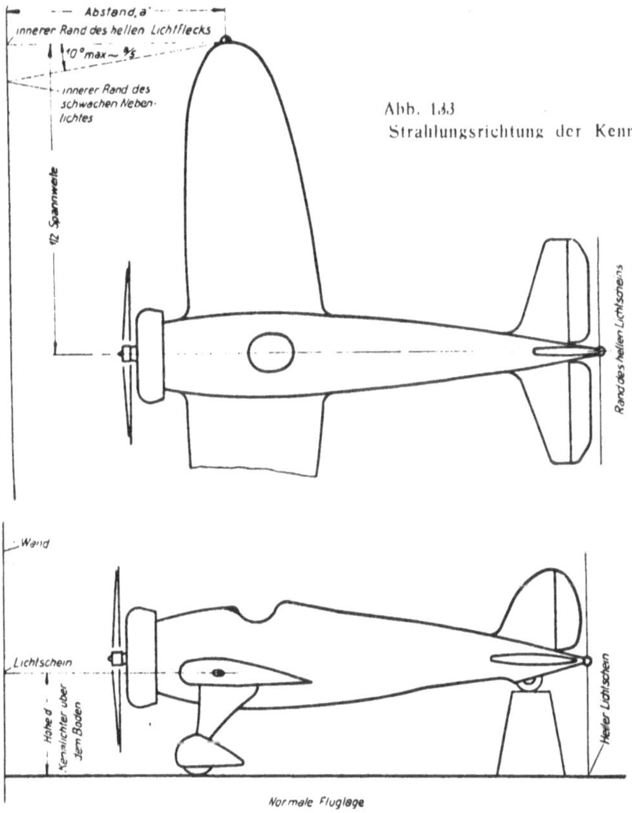

Abb. 133
Strahlungsrichtung der Kennleuchten

kreuzförmig zueinander gestellten Wendeln besteht. Die Glühlampe sitzt in der üblichen zweipoligen Swanfassung senkrecht zum Befestigungsflansch. Ein Kugelspiegel nutzt den Lichtstrom weitgehend aus und verteilt das Licht in den vorgeschriebenen Raumwinkel. Die hohe Lichtstärke in Flugrichtung wird durch einen Rückenspiegel erzielt. Die Optik ist durch eine farbige Glaskappe abgedeckt, deren Einfärbung so gewählt ist, daß die Kennlichter die erforderliche Tragweite erreichen und trotzdem genügend farbig erscheinen. Die Seitenkennleuchten müssen an den Enden des Tragflügels so angebracht werden, daß die Hauptlichtstärke genau parallel zur Flugrichtung fällt (Abb. 133).

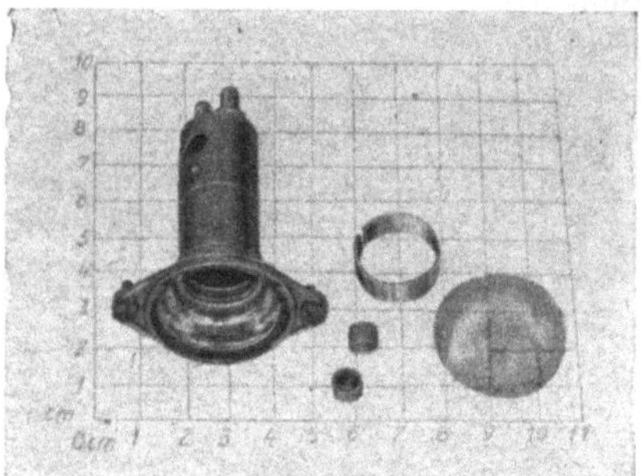

Abb. 134
Heckleuchte

Das Hecklicht strahlt allseitig nach hinten. Die Anbringung soll so erfolgen, daß nach keiner Richtung abgedeckt wird. Befestigung an den beweglichen Steuerflächen ist zu vermeiden.

Der Aufbau der Heckleuchte (Abb. 134) ist einfach. Die Fassung besitzt lediglich einen kleinen Kugelspiegel zur Ausnutzung des Lichtstromes der 5-Watt-Glühlampe. Die Abdeckung erfolgt durch eine farblose Glasklappe, die durch einen Flansch gehalten ist.

Beim Einbau der Kennleuchten ist jede Abdeckung des Lichtaustrittswinkels durch Verkleidungsbleche unstatthaft, da diese den Sichtwinkel verkleinern und die Zugänglichkeit bei der Wartung beeinträchtigen.

6. Besondere Kennzeichnung der Seeflugzeuge auf dem Wasser

Seeflugzeuge haben nach den heute gültigen Bestimmungen außer den genannten Kennlichtern, solange sie bei Nacht auf dem Wasser schwimmen, ein Buglicht und das Manövrierunfähigkeitsfeuer, zwei rote Lichter senkrecht übereinander im Abstand von 1 m zu setzen. Vor Anker werden die Kennlichter gelöscht und das Ankerfeuer gesetzt, ein rotes Licht über einem weißen, gleichfalls im Abstand von 1 m. Beide Zeichen — „manovrierunfähig" und „vor Anker" — werden mit dem gleichen Gerät „Ankerfeuer" (Abb. 135) unter Anwendung der entsprechenden Überglocken gegeben. Das Gerät besteht aus einem leichten zweiteiligen Mast, der bei Bedarf in eine vorbereitete Buchse im Flugzeug eingesteckt wird. Die obere Hälfte, die in der Laterne des unteren Maststückes eingespannt wird, trägt an beiden Enden die entsprechenden Lichter. Mit einer Leitung werden sie an das Bordnetz oder zur Schonung des Flugzeugsammlers an eine Spezialtrockenbatterie angeschlossen. Diese Trockenbatterie reicht für eine ununterbrochene Brennzeit von 14 Stunden aus. Da ihre Spannung bei Dauerentladung sehr rasch nachläßt, ist sie so bemessen, daß die Glühlampen des Ankerfeuers (24 V 7 W) zunächst überlastet werden, nach einigen Stunden mit Nennspannung brennen und zum Schluß mit Unterspannung gerade noch die erforderliche Lichtstärke hergeben. Die Glühlampen sind nach jedem Dauerbetieb mit der Trockenbatterie auszuwechseln.

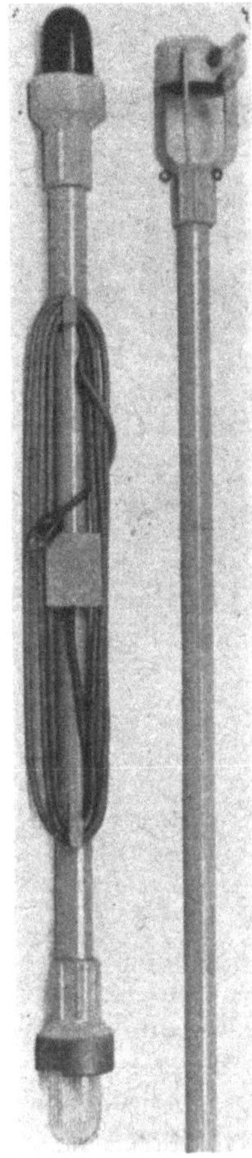

Abb. 135
Ankerfeuer für Seeflugzeuge

7. Merkleuchten

Zum Anzeigen von Betriebsvorgängen oder -zuständen durch die sogenannten Merkleuchten wird im Flugzeug Licht auch als Signal verwendet. Solche Signale müssen bei Tage gut erkannt werden, bei Nacht dürfen sie nicht blenden. Die Merkleuchten müssen daher im Blickbereich des Piloten angeordnet werden und müssen sich bei Nacht so abdunkeln lassen, daß sie auffällig bleiben, ohne jedoch zu stören.

Für die Merkleuchten werden besonders kleine Glühlampen mit einpoligem Swansockel verwendet, um kleine Abmessungen zu erhalten. Die früher vielfach verwendeten Telephonlampen sind erschütterungsempfindlich und daher für Betrieb im Flugzeug nicht geeignet. In neueren Gerätemustern werden sie nicht mehr verwendet.

Die Konstruktion der in Abb. 136 gezeigten Merkleuchte ist so ausgeführt, daß sie sich von vorn bajonettartig in das Gerätebrett einsetzen und auswechseln läßt. Durch Drehen der Kappe kann das Licht abgeschirmt werden. Nach Abschrauben der Kappe ist die Glühlampe zugänglich.

Abb. 136
Merkleuchte

Für manche Zwecke werden mehrere Merkleuchten in verschiedenen Farben in einem Gehäuse vereint. Abb. 137 zeigt z. B. ein Fahrwerkanzeigegerät mit vier Lampen, durch das angezeigt wird, ob

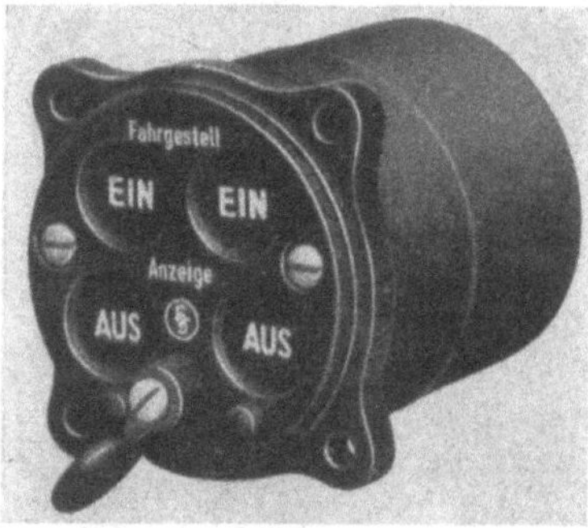

Abb. 137
Anzeigegerät für Fahrwerksüberwachung

Abb. 138
Leuchttafel

das Fahrgestell eingezogen oder ausgefahren und verriegelt ist. Andere Ausführungen werden zur Verständigung zwischen Führer und Beobachter gebraucht, wobei gegenseitig verschiedenfarbige Zeichen ausgetauscht werden können.

Für einige Zwecke werden auch Leuchttafeln (Abb. 138) mit entsprechenden Aufschriften benutzt. Die Ausführung dieser Geräte bietet keine Besonderheiten.

8. Scheinwerfer

Für Nachtlandungen werden auf dem Flughafen, soweit nicht Landebahnscheinwerfer vorhanden sind, die Landebahnfeuer (Leuchtpfad) aufgestellt, die durch ihre Stellung die Wind- bzw. Landerichtung angeben und durch ihre Anordnung in regelmäßigen Abständen von 50 m dem geübten Flugzeugführer eine Hilfe für das Abfangen geben. Um die Landung einfacher und sicherer zu machen, führen die Flugzeuge Scheinwerfer an Bord, die bei richtiger Einstellung den Flugzeugführer beim Einschweben die Höhe über dem Rollfeld und den richtigen Augenblick zum Abfangen erkennen lassen. Beim Rollen übersieht er das Rollfeld auf größere Entfernung, so daß er Hindernissen ausweichen kann. Der Scheinwerfer wird häufig bereits einige Zeit vor der Landung eingeschaltet, um der Startmannschaft die Absicht zu landen anzuzeigen. Die richtige Einstellung des Lichtstrahles des Scheinwerfers ist aus Abb. 139 zu erkennen. In Rollstellung setzt der Strahl etwa 60 m vor dem Flugzeug auf den Boden auf. Er ist soweit seitlich nach außen gerichtet, daß der Flugzeugführer bei der Landung die beleuchtete Fläche voll übersehen kann. Durch richtiges Fokussieren

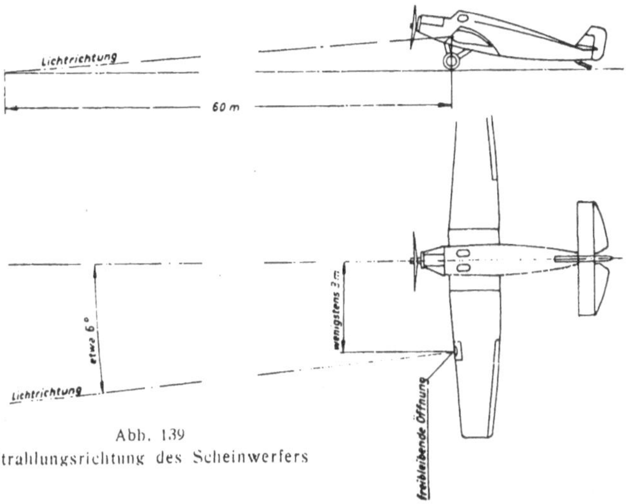

Abb. 139
Strahlungsrichtung des Scheinwerfers

der Glühlampen (Verstellung der Fassung im Scheinwerfer) (Abb. 140) muß das Licht so gebündelt werden, daß die Strahlen parallel

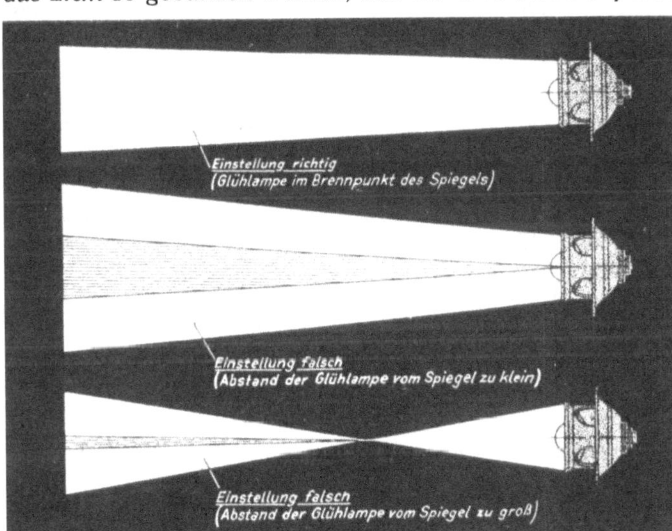

Abb. 140
Einstellung des Scheinwerfers

laufen und sich nicht kreuzen oder auseinanderlaufen. Für die Abdeckung des Scheinwerfers wird ein besonderes Gelbglas benutzt, das für diesiges Wetter besser geeignet ist als ein weißes Glühlampenlicht.

Es sind mehrere Ausführungsarten des Flugzeugscheinwerfers im Gebrauch. Ausschwenkbare Scheinwerfer werden bei großen Flugzeugen häufig verwendet. Sie sind während des Fluges in den Flügel eingezogen und werden vor der Landung durch ein Kurbelgestänge ausgekurbelt oder elektromotorisch ausgeschwenkt. Der ausgeschwenkte Scheinwerfer kann zur Auswechslung der Glühlampe oder zur Reinigung des Spiegels und der Scheiben geöffnet werden. Durch eine Verstellschraube läßt sich die Glühlampe in den Brennpunkt einstellen (fokussieren); außerdem läßt sich der Lichtstrahl durch Schwenken des Spiegels in die vorgeschriebene Richtung bringen.

Bei einigen Flugzeugmustern ist der Scheinwerfer fest in der Flügelnase eingebaut (Abb. 141) und durch eine Kappe von Plexiglas abgedeckt. Einstellung der Glühlampe und des Lichtstrahles sind gleichartig wie bei dem eben beschriebenen Scheinwerfer vor dem Flug am Boden vorzunehmen oder zu prüfen. Die Lichtaustrittsöffnung ist ringsum schwarz abgedeckt, um unerwünschtes Streulicht zu verhindern. Wegen der Einstellung und Auswechselung der Glühlampe ist gute Zugänglichkeit, nach Möglichkeit durch besondere Klappen erforderlich. Alle diese Scheinwerfer werden mit Glühlampen von 200 bis 500 Watt mit Kuppenverspiegelung benutzt.

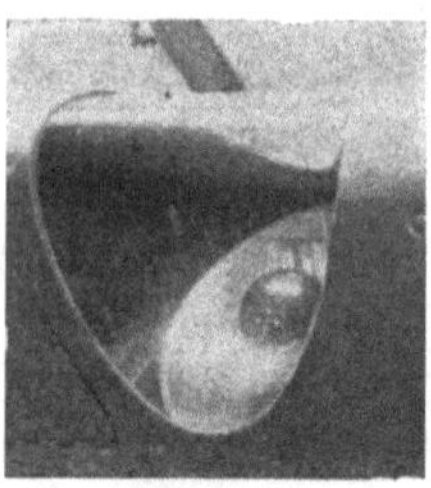

Abb. 141
Einbau des Scheinwerfers in die Flügelnase

Bei kleineren Flugzeugmustern wird vielfach ein windschnittiger Scheinwerfer unter dem Tragflügel angehängt. Bei diesem Scheinwerfer ist nach Abnehmen der Glaskappe die Glühlampe und die Einstellvorrichtung von vorn zugänglich. Die Fokussierung erfolgt durch Drehen des Spiegels, das Einstellen des Lichtstrahles durch Schwenken des Spiegels auf einer Kugelschale. Dieser Scheinwerfer arbeitet mit Glühlampen 100 Watt mit Ringverspiegelung. Das Licht, das durch die nicht verspiegelte Kuppe tritt, wird durch eine Sammellinse gebündelt und ausgenutzt.

Das gleiche optische System ist in dem elektrisch ausschwenkbaren Scheinwerfer (Abb. 142 und 143) für kleinere Flugzeuge verwendet. Die stromlinienförmige Verkleidung ist durch eine annähernd kugelige ersetzt. Durch einen Hauptstrommotor wird der Scheinwerfer über Getriebe und Kurbeltrieb in gleicher Drehrichtung ein- und ausgefahren. Die Schaltung vom Führerraum aus erfolgt durch einen einpoligen Umschalter derartig, daß bei Schaltereinstellung „Ein“ die Glühlampe eingeschaltet und der

Scheinwerfer ausgeschwenkt wird. Bei Schaltung auf „Aus" wird die Glühlampe ausgeschaltet und der Scheinwerfer wieder eingefahren.

Abb. 142
Elektrisch ausschwenkbarer Scheinwerfer

Abb. 143
Elektrisch ausgeschwenkter Scheinwerfer

Die Endstellungen sind durch Endkontakte begrenzt. Dieser Scheinwerfer benötigt nur drei Leitungen.

9. Landefackeln

Bei einigen alten Flugzeugmustern sind an den Flügelenden zwei Landefackeln angebracht. Sie werden über einen besonderen Schalter nacheinander durch eine Glühspirale elektrisch gezündet. Durch Abbrennen eines Leuchtsatzes geben sie ein außerordentlich helles Licht, so daß bei der Landung das Rollfeld in großem Umkreis beleuchtet wird. Hierdurch werden besonders Notlandungen in unbekanntem Gelände erleichtert. Da diese Fackeln aber häufig nach der Landung zu Grasbränden oder sogar zu Bränden von stoffbespannten Flügeln geführt haben, werden sie heute nicht mehr verwendet.

10. Allgemeines

Bei sämtlichen Beleuchtungsgeräten treten infolge der hohen Temperatur der Glühlampe besonders hohe Erwärmungen auf. Nach dem Abschalten zieht sich die Luft in den Geräten als Folge der Abkühlung zusammen und saugt Luft von außen nach. So wird kalte, möglicherweise feuchte Luft in die Geräte „eingeatmet". An den isolierenden und stromführenden Teilen schlägt sich die Feuchtigkeit nieder und führt häufig zu unerwünschter Herabsetzung des Isolationswertes. Wegen der gedrängten Bauart der Glühlampe und Fassung läßt sich dieser Nachteil nicht sicher vermeiden. Es ist daher zweckmäßig, bei Feststellung eines gesunkenen Isolationswertes des Bordnetzes zunächst die Glühlampen und Leuchten nachzuprüfen.

Stets ist zu beachten, daß für die verschiedenen Verwendungszwecke die richtigen Glühlampen benutzt werden, da die erforderliche Tragweite der Kennlichter, die Verdunkelung der Gerätebeleuchtung und die Helligkeit des Scheinwerfers von der richtigen Glühlampe abhängt.

Zum Abschluß wird auf Wartung und Pflege der Beleuchtungsgeräte, Überprüfung vor jedem Nachtflug und Reinigen der Gläser und Spiegel besonders hingewiesen. Die Sicherheit des Flugzeuges kann auch durch Ausfallen einer Leuchte gefährdet werden.

C. Kraftantriebe und Rückmeldungen

Der Elektromotor gestattet die Umwandlung der elektrischen Energie in mechanische. Für seine Ausnutzung sind im Flugzeug mannigfache Möglichkeiten vorhanden. Es können der Fahrwerkseinzug, die Verstellung von Kühl-, Lande-, Trimmklappen, Antennenhaspeln, Kraftstoffpumpanlagen usw. elektromotorisch angetrieben werden.

Der große Vorteil des elektromotorischen Antriebs liegt in dem Fortfall von oftmals sehr verwickelten Gestängen und Seilzügen, ferner in der Genauigkeit, mit der die Vorgänge ferngesteuert, automatisiert, überwacht und rückgemeldet werden können.

Es sind besonders drei Anwendungsarten zu unterscheiden:

a) Die Schubbewegung.

Der Vorgang spielt sich kurzzeitig ab. Die Übertragung von der sich drehenden Motorwelle auf die Längsbewegung erfolgt durch ein Getriebe. Beispiele sind: Fahrwerkseinzug, Klappenverstellungen usw. Dem Elektromotor werden also kurzzeitig hohe Drehmomente entnommen. Der Motor muß in der Drehrichtung umschaltbar sein.

b) Kurzzeitige Drehbewegungen.

Beispiele sind: der Schwungkraft-Anlasser und Durchdreheinrichtungen für das Triebwerk. Die Drehrichtung ist die gleiche. Die Forderungen an den Motor sind die gleichen wie unter a).

c) Länger dauernde Drehbewegungen.

Anwendungsbeispiele sind: Kraftstoffpumpen, Ölpumpen für hydraulisch-mechanische Antriebe und andere Antriebe, die längere Zeit hindurch betrieben werden müssen.

Der Elektromotor leistet seine Nutzarbeit bei einer annähernd gleichen Drehzahl und innerhalb des Bereiches der Nennleistung

(Dauerleistung). Auf ein hohes Anlauf-Drehmoment kommt es hierbei nur in den Fällen an, in denen das angetriebene Gerät aus dem Stillstand angerissen werden muß. Die Drehrichtung ist meistens die gleiche.

Entsprechend den Bedingungen, die sich aus diesen Anwendungen ergeben, sind einzelne Motorenarten für die Anwendung im Flugzeug weiter entwickelt worden.

1. Der Gleichstrom-Hauptschlußmotor (Abb. 144)

Im Stillstand ist ein sehr hohes Drehmoment vorhanden. Der Motor eignet sich für die kurzzeitige Abgabe größerer Kräfte, besonders für die Fälle, in denen es auf eine bestimmte Drehzahl nicht ankommt. Im unbelasteten Zustand werden sehr hohe Drehzahlen

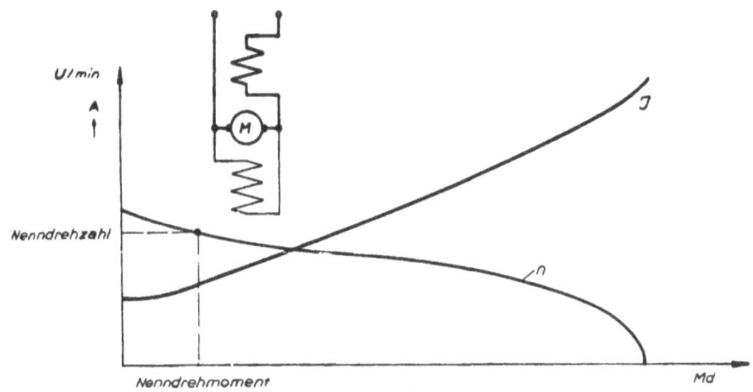

Abb. 144
Schaltung und Kennlinien des Gleichstrom-Hauptschlußmotors

erreicht. Der Umkehr der Drehrichtung wird erreicht, indem entweder der Anker oder das Feld umgeschaltet wird. Das gleiche kann auch erreicht werden durch die Verwendung von zwei Feldwicklungen, die in der magnetischen Wirkung entgegengesetzt sind. Das tote Gewicht einer solchen Wicklung wird häufig in Kauf genommen, da Schaltung und Schaltgeräte sehr einfach werden.

2. Der Gleichstrom-Nebenschlußmotor (Abb. 145)

Das Drehmoment bei Stillstand ist geringer als beim Hauptschlußmotor. Die Drehzahl ist ebenfalls abhängig von der Belastung, aber im Gegensatz zum Hauptschlußmotor nur innerhalb geringer Grenzen, die erst bei starker Überlastung stärker unterschritten werden. Der Motor eignet sich für die Entnahme einer beschränkten Leistung (bis zu Nennleistung) über eine längere Zeit.

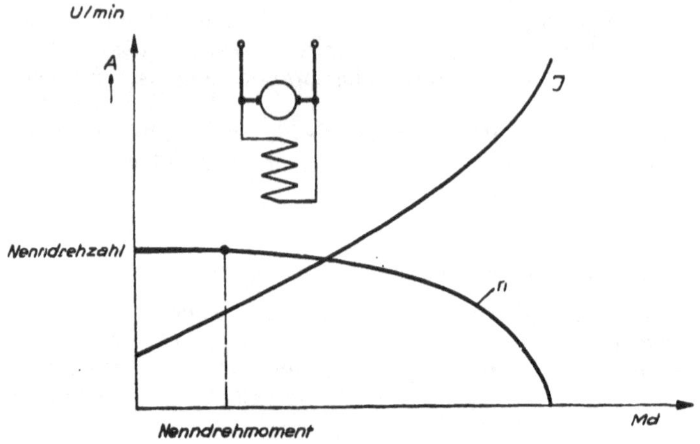

Abb. 145
Schaltung und Kennlinien des Gleichstrom-Nebenschlußmotors

3. Der Gleichstrom-Doppelschlußmotor (Abb. 146)

Durch die Anwendung einer Hauptschluß- und gleichzeitig einer Nebenschlußwicklung im Feld werden die Vorteile der beiden unter 1 und 2 beschriebenen Motoren zum Teil vereinigt. Das Anlaufdrehmoment entspricht etwa dem Hauptschlußmotor. Bei Entnahme einer Leistung bis zur Nennlast ist die Drehzahl annähernd gleich. Die Drehzahl ist damit nach oben begrenzt. Die Umkehr der Drehrichtung

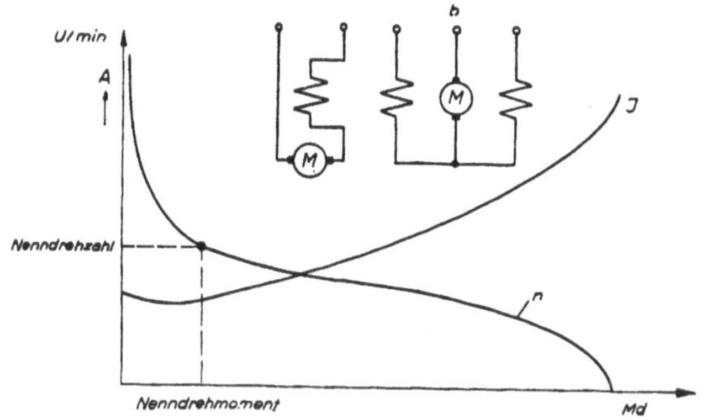

Abb. 146
Schaltung und Kennlinien des Doppelschlußmotors

kann erreicht werden, indem gleichzeitig die Hauptschluß- und die Nebenschlußwicklung des Feldes oder der Anker umgepolt werden.

Der Nachteil des Motors liegt in der Notwendigkeit, eine verwickelte Schaltung und umfangreichere Schaltgeräte verwenden zu müssen.

Abb. 147 zeigt die Kennlinien der drei Motorenarten im Vergleich. Aufgetragen sind die Drehzahlen und Ströme in Abhängigkeit vom Drehmoment. Beim Hauptschlußmotor interessiert besonders der

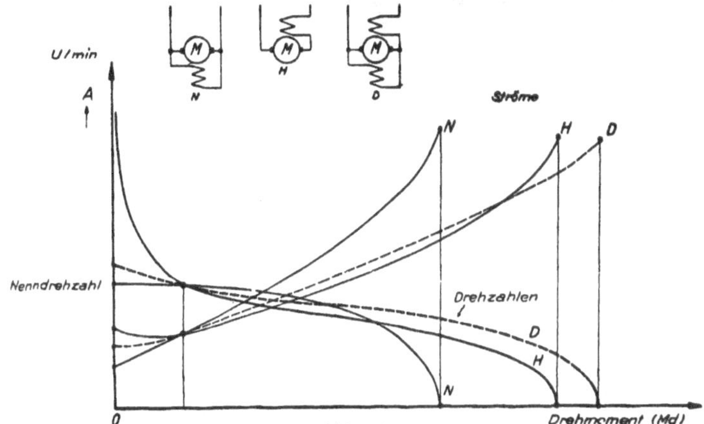

Abb. 147
Schaltung und Kennlinien des Nebenschluß- (=N), Hauptschluß- (=H) und Doppelschlußmotors (=D) im Vergleich

Bereich der kurzzeitigen Belastung. Es handelt sich meist um nur einige Sekunden, in denen möglichst hohe Drehmomente aufgebracht

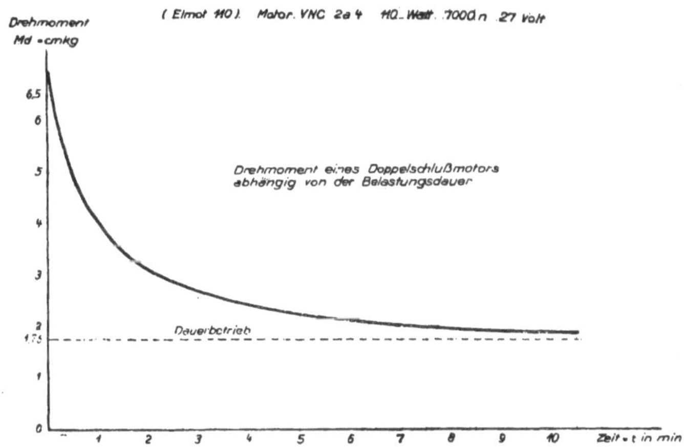

Abb. 148
Motorbelastung abhängig von der Zeitdauer

werden sollen. Abb. 148 zeigt für einen Doppelschlußmotor die Abhängigkeit der Belastung von der Zeitdauer.

4. Der Fahrwerkseinzug

Der Zweck ist die Verringerung des Luftwiderstandes und damit die Erhöhung der Geschwindigkeit. Abb. 10 zeigt den Stromlaufplan der elektrischen Fahrwerkbetätigung. Der Hauptschlußumkehr-

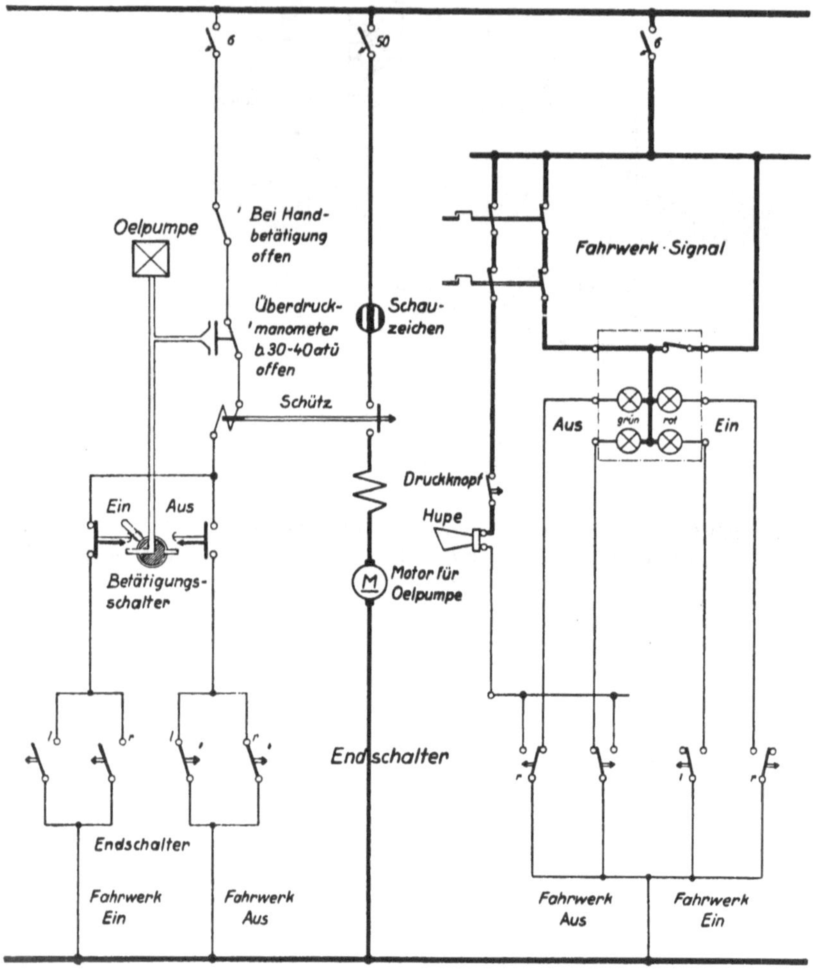

Abb. 149
Stromlaufplan der elektro-hydraulischen Fahrwerkbetätigung

motor wird durch die beiden Schütze eingeschaltet. Die Einschaltung der Schütze erfolgt durch einen Betätigungsschalter. Am Ende des Ein- bzw. Ausfahrvorganges wird der Betätigungsstrom der

Schütze durch Endschalter ausgeschaltet und damit der Motor stillgesetzt. Es ist also nur ein Umlegen des Betätigungsschalters in die betreffende Stellung erforderlich. Der weitere Vorgang spielt sich dann von selbst ab. Der Elektromotor wird im allgemeinen so gewählt, daß das Fahrwerk innerhalb einer Zeit von ¼ bis ½ Minute ein- oder ausgefahren wird. Es können auch statt des einen gemeinsamen Motors und einer Wellenübertragung zu den beiden Fahrwerkshälften zwei einzelne Elektromotoren und die elektrische Übertragung durch Leitungen vorgesehen werden.

In Abb. 149 ist eine elektrisch-hydraulische Fahrwerkbetätigung dargestellt. Jedes Fahrwerkbein wird durch einen Betätigungszylinder aus- und eingefahren. Das Drucköl wird durch eine elektromotorisch angetriebene Pumpe erzeugt. Diese Pumpe wird durch einen Hauptschlußmotor, der in der Drehrichtung nicht umkehrbar zu sein braucht, angetrieben. Durch ein Umschaltventil wird das Drucköl auf die entsprechenden Kammern der beiden Betätigungszylinder geschaltet. Der Elektromotor wird durch Hilfskontakte an dem Umschaltventil in Betrieb gesetzt und nach Beendigung des Vorgangs durch Endkontakte wieder außer Betrieb genommen. Die Ein- und Ausschaltung erfolgt wiederum durch das Schütz, so daß also die starken Ströme für den Motor von den Entschaltern ferngehalten werden. Zur Sicherheit ist ein Überdruckmanometer vorgesehen, das bei einem bestimmten Überdruck, der sich z. B. beim Versagen der Endkontakte einstellen könnte, den Vorgang unterbricht.

Die Überwachung des Fahrwerkeinzuges ist ebenfalls in Abb. 149 gezeigt. Mit Hilfe von Endschaltern wird für jedes der beiden Fahrwerkbeine gesondert der eingeklinkte Endzustand durch Merklampen angezeigt. Zur Erregung der Aufmerksamkeit des Flugzeugführers ist allgemein ein Signalhorn vorgesehen. Lampen und Signalhorn werden durch einen Hilfsschalter (Schleppschalter) eingeschaltet, sobald der Gashebel unter die Stellung „Reiseflug" genommen wird, sobald also das Flugzeug sinkt. Die Anzeige geschieht durch das Gerät Abb. 137. Bei eingefahrenem Zustand leuchten die oberen roten Scheiben, bei ausgefahrenem die unteren grünen Scheiben auf. Durch den unten angebrachten Schalter können die Lampen während des Fluges zur Kontrolle dauernd eingeschaltet werden. Um das Signalhorn bei längerem Schwebeflug oder bei kleineren Flugzeugen beim Kunstflug am unnötigen Ertönen zu hindern, wird ein Druckknopfschalter oder ein Hilfsschalter, der mit der Landeklappe verbunden werden kann, vorgesehen. Bei Vorhandensein von mehreren Triebwerken werden die Hilfsschalter an den Gasgestängen hintereinander geschaltet. Ein zweites Anzeigegerät kann, falls für einen zweiten Stand erforderlich, in der gezeigten Weise parallel geschaltet werden.

5. Luftschraubenverstellung

Eine feste Luftschraube hat ihren besten Wirkungsgrad bei einer bestimmten Umdrehungszahl je Minute des Motors, bei einer bestimmten Geschwindigkeit und einer bestimmten Höhe des Flugzeuges.

Um die im Triebwerk verfügbare Leistung voll auszunutzen, insbesondere beim Start und Steigflug, müssen die Blätter der Luftschraube verstellt werden können. Auch während des Fluges muß dies möglich sein. Von den verschiedenen Lösungen, die ausgeführt worden sind, sei eine kurz beschrieben.

Abb. 150
Gerät für Luftschraubenverstellung, eingebaut

Die Kraft zur Verstellung der Blätter wird einem Elektromotor entnommen und über eine biegsame Welle und ein dauernd umlaufendes Getriebe auf die Nabe übertragen (Abb. 150). Entsprechend dem Stromlaufplan Abb. 151 ist ein Hauptschlußumkehrmotor mit zwei Feldwicklungen verwendet. Die Einschaltung des Stromes geschieht durch einen von Hand bedienbaren Umschalter mit Mittelstellung. Die Endstellung der Blätter muß nach beiden Seiten begrenzt werden. Hierzu ist ein Begrenzungsschalter vorgesehen, in dem die Stromwege unterbrochen werden. Dieser Begrenzungsschalter ist ebenfalls über eine biegsame Welle mit dem Getriebe nahe verbunden. Durch diese biegsame Welle wird über eine entsprechende Übersetzung der Nocken gedreht, der in den beiden Endstellungen den Motor außer Betrieb setzt. Außerdem wird hierdurch ein Geber angetrieben, der entsprechende Impulse auf das Anzeigegerät gibt. Auf diesen Steigungsanzeiger wird die Stellung des Schraubenblattes, die sehr genau angezeigt werden muß, übertragen. Etwa 90° Verdrehungswinkel der Schraubenblätter werden hierbei auf den Bereich einer Uhr übertragen; einem Grad Blattverstellung entsprechen also auf dem Zifferblatt 8 Minuten.

Zur Funkentstörung war es erforderlich, parallel zum Geber Kapazitäten von je 1,5 μF vorzusehen.

Abb. 152 zeigt das Grundschaltbild der vollständigen Anlage.

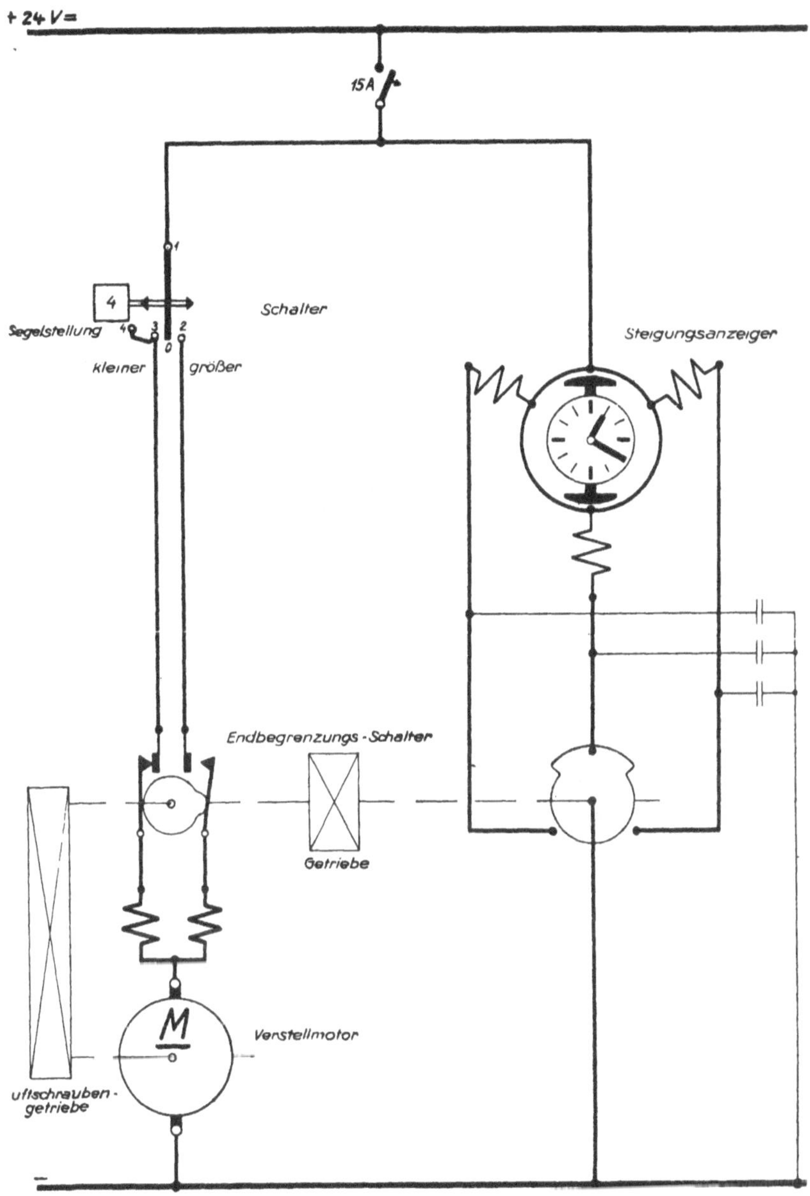

Abb. 151
Stromlaufplan der elektrischen Luftschraubenverstellung

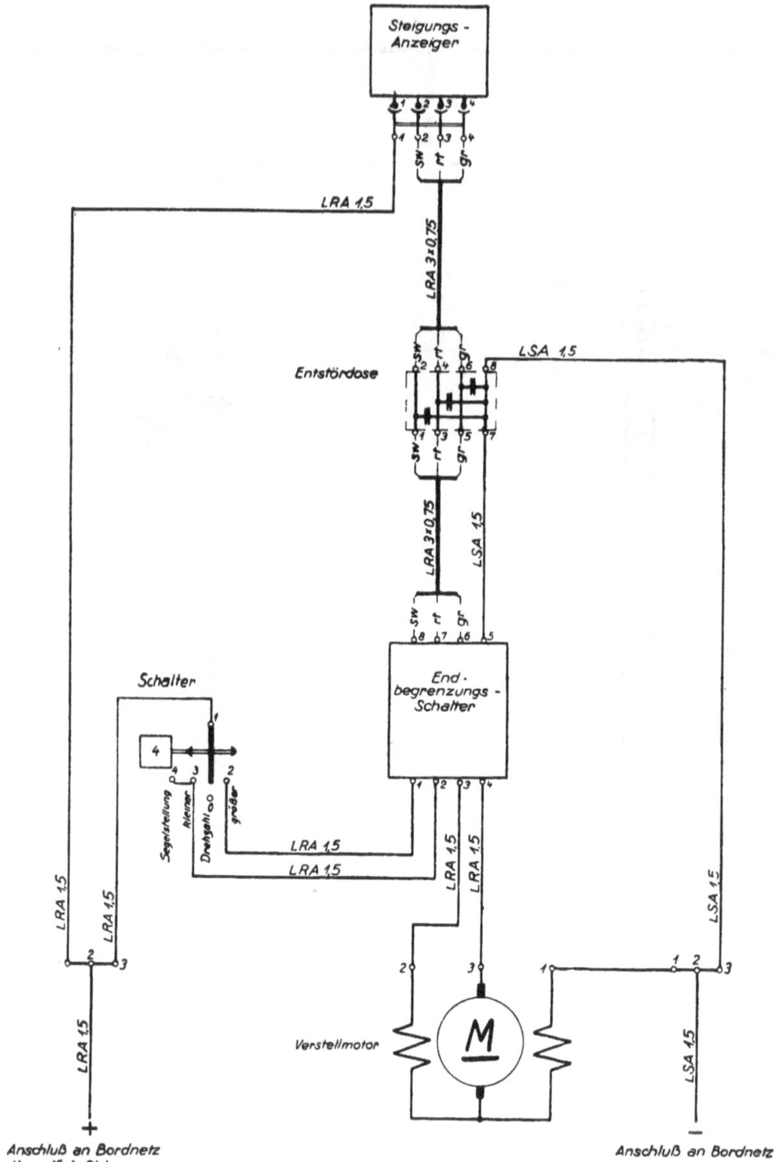

Abb 152
Grundschaltplan der elektrischen Luftschraubenverstellung

Hauptstrom-Umkehrmotor für Kühler-Klappenantrieb mit mechanischer Bremse und Untersetzungsgetriebe

6. Vollelektrisch selbsttätige Kühlerklappenverstellung

Durch selbsttätige Verstellung der Kühlerklappen wird die Regelung der Temperatur von Flugmotoren vorgenommen. Die Flugzeugbesatzung wird voll entlastet. Wirkungsweise der Anlage: Grundschaltbild Abb. 153. Eine in das Kühlmittel hineinragende Temperaturdruckdose (Geber), Abb. 154, ist mit einem Kontaktarm verbunden, der auf der Kontaktreihe schleift. Dieselbe ist über eine mehradrige Leitung mit einem Nachlaufschalter (Abb. 155) verbunden, auf dessen Kontaktreihe zwei voneinander isolierte Kontaktarme mit einem bestimmten festen Abstand schleifen. Die letztgenannten Kontaktarme betätigen über einen durch Schaltschütze gesteuerten Umkehrverstellmotor mit mechanischer Bremse und Untersetzungsgetriebe (Abb. 156) die Antriebswelle der Kühlerklappe.

Der Regelbereich der Temperaturdruckdose (Geber) ist einstellbar in den Grenzen von 50—85° C und 80—120° C. Die Einstellung des Gebers erfolgt für jedes Motormuster gesondert bei der Herstellerfirma.

Der Regelvorgang geschieht in folgender Weise:

Wird bei Änderung der Kühlmitteltemperatur durch die Druckdose der Hebelarm des Temperaturgebers um einen Kontakt nach links oder rechts gesteuert, so wird das Schaltschütz über einen der beiden Kontaktarme des Nachlaufschalters eingeschaltet und der Verstellmotor läuft in der entsprechenden Drehrichtung an und verstellt die Kühlerklappen. Mit deren Verstellung dreht sich gleichzeitig der doppelte Kontaktarm des Nachlaufschalters, bis nach Fortschreiten um eine Kontaktreihe der Stromkreis wieder unterbrochen wird. Bei Verstellung des Geberkontaktes auf den ersten oder letzten Kontakt läuft der Motor so lange, bis der Stromkreis durch den Endschalter abgeschaltet wird. Es ist also jedem Kontakt der Geberkontaktreihe eine entsprechende Verstellstufe des Nachlaufschalters und der Kühlerklappe zugeordnet.

D. Elektrische Fernmeßanlagen

Die Fernmessung ist ebenfalls ein weites Anwendungsgebiet der Elektrotechnik. Es ist möglich, alle Größen wie Umdrehungszahl je Minute einer Welle, Temperatur, Druck, Menge, Stellung in einen elektrischen Wert zu übertragen und diesen an einer beliebig ferngelegenen Stelle anzuzeigen. Hauptvorteile gegenüber anderen Übertragungen durch biegsame Wellen, Dampfdruckröhrchen, Seilzüge usf.

sind hohe Meßgenauigkeit bei großer Betriebssicherheit, geringes Gewicht, geringer Raumbedarf, Freizügigkeit in der Verlegung der

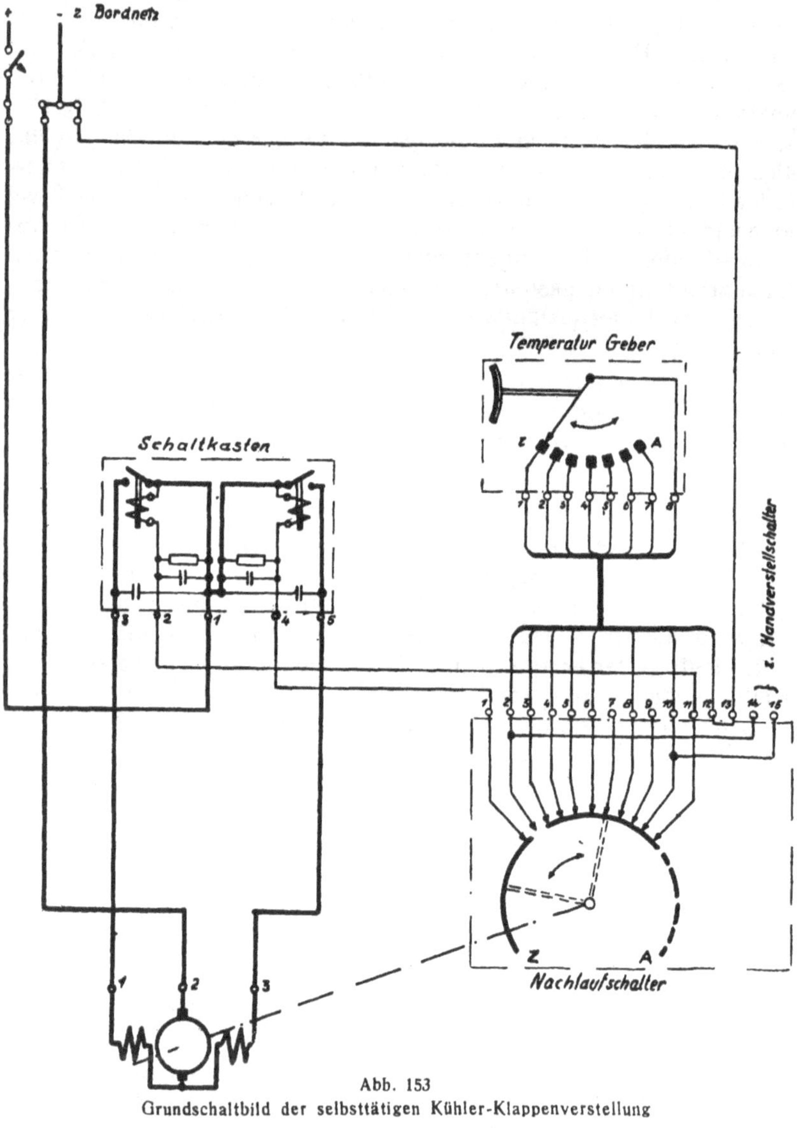

Abb. 153
Grundschaltbild der selbsttätigen Kühler-Klappenverstellung

Übertragungsorgane, also der Leitungen, Temperaturunabhängigkeit, bequeme Fertigung und Wartung, ferner die Möglichkeit, Einzelmessungen in einer Anzeige zu summieren.

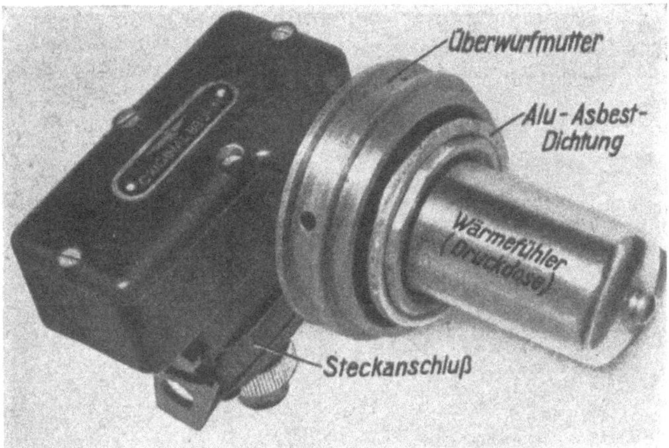

Abb. 154
Selbsttätige Regelanlage mit elektrischer Rückführung für Kühlmitteltemperatur von Flugmotoren (Geber)

Die Forderungen des Flugbetriebes haben auch hier zu besonderen Entwicklungen geführt. Elektrische Fehler, die durch Temperaturschwankungen, verschiedene Zuleitungswiderstände, ferner mechanische Fehler, die durch Reibungen, Erschütterungen, Abnützung, Lage und Beschleunigung entstehen, müssen beachtet werden, um mit der Anzeigegenauigkeit innerhalb der erforderlichen Grenzen zu bleiben.

Abb. 155
Nachlaufschalter für Kühlerklappenregelung

Die einfachste Fernmessung ist die Strom- und Spannungsmessung. Die Anzeigegeräte besitzen ein einfaches Drehspulsystem. Der Zeigerausschlag ist unmittelbar proportional der angelegten Spannung. Beim Voltmeter wird ein entsprechender Vorschaltwiderstand benutzt, beim Amperemeter ein Spannungsabfall an dem dazugehörigen Nebenwiderstand abgegriffen. Für die Messung der übrigen Größen, wie Temperatur, Druck, Menge wird als Geber im allgemeinen ein veränderlicher Widerstand verwandt. Wegen der Schwankungen in der Bordnetzspannung (22—29 V) muß in diesen Fällen ein Kreuzspulgerät verwandt werden, bei dem diese Anzeige unabhängig von den Spannungsschwankungen des Netzes bleibt.

Die Anzeigegeräte selbst sind durchweg in der kleinen amerikanischen Norm ausgeführt. Skalen und Zeiger sind mit Leuchtmasse ausgelegt. Die Zuleitung erfolgt durch einen Gerätestecker, um die Auswechselbarkeit des Gerätes zu erleichtern. Zur Schirmung des magnetischen Streufeldes werden die Geräte mit einem Eisenmantel umgeben.

Abb. 156
Kühlklappenantrieb

Das Hauptanwendungsgebiet für die elektrische Fernmessung ist die Überwachung des Triebwerks. Nachfolgend werden einige ausgeführte Anlagen beschrieben:

1. Drehzahlmessung

Bei älteren Ausführungen besteht der Geber aus einem Gleichstromgenerator, der eine der Drehzahl proportionale Spannung erzeugt (Abb. 157). Das Anzeigegerät ist unmittelbar in U/min geeicht. Der Gleichstromgenerator hat gewisse Mängel an dem Bürstenapparat gezeigt. Daher wurde ein Wechselstromdrehzahlmesser entwickelt. Der umlaufende Anker besteht bei diesem Gerät aus einem permanenten Anker, der in der Feldwicklung eine Wechselspannung erzeugt. Es sind also keinerlei Bürsten mehr vorhanden. Der Wechselstrom wird im Anzeige-

Abb. 157
Drehzahlgeber

gerät durch Trockengleichrichter in Graetzschaltung gleichgerichtet und dem Drehspulsystem zugeführt. Der Generator wird an das Trieb-

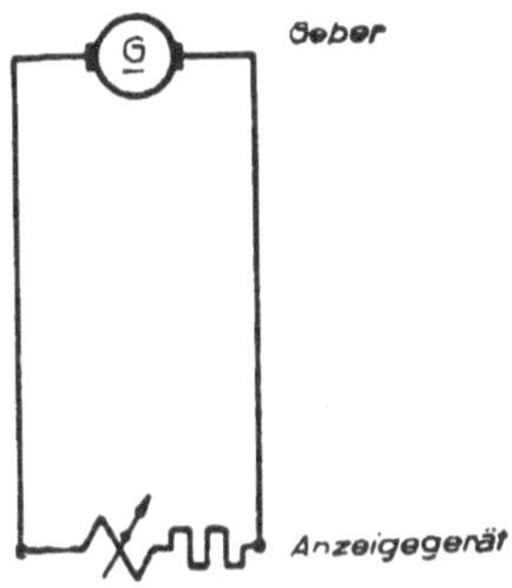

Abb. 158
Schaltung eines Gleichstrom-drehzahlmessers

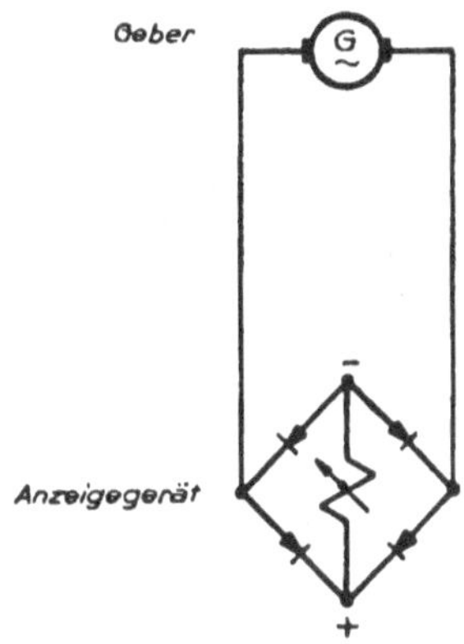

Abb. 159
Schaltung eines Wechselstrom-drehzahlmessers

werk entweder unmittelbar oder über eine biegsame Welle angeflanscht. Die grundsätzliche Schaltung der Gleich- und Wechselstromdrehzahlmessung zeigen Abb. 158 und 159.

2. Temperaturmessung

Als Geber ist entsprechend Abb. 160 ein Widerstandsdraht aus einem Werkstoff verwendet, der seinen Widerstand mit der Temperatur sehr stark ändert (z. B. Nickel). Abb. 161 zeigt einen Geber für

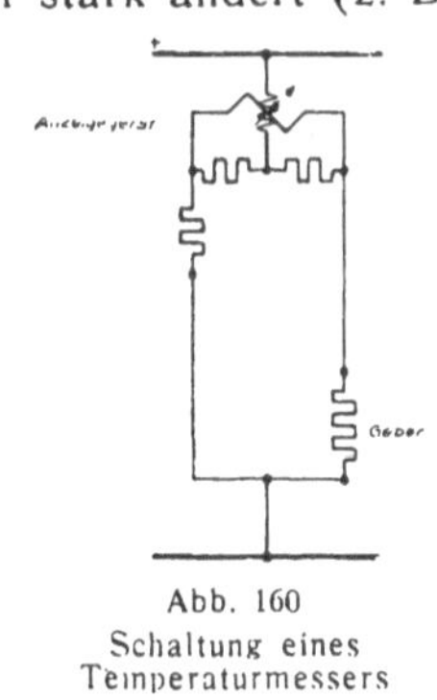

Abb. 160
Schaltung eines Temperaturmessers

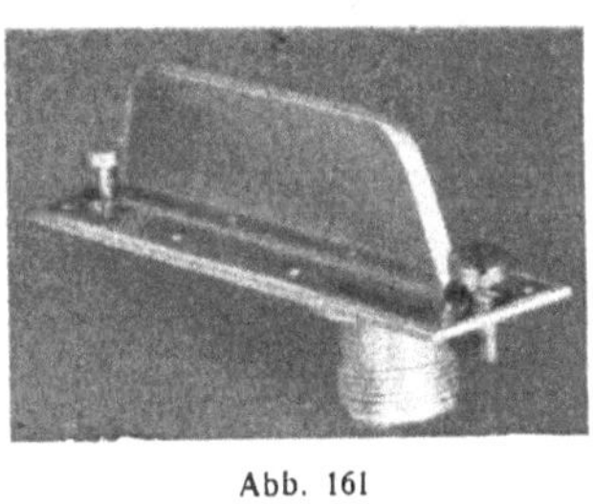

Abb. 161
Widerstandsgeber für Messung der Außenlufttemperatur

die Messung der Außenlufttemperatur, Abb. 162 einen Geber für die Messung von Flüssigkeitstemperaturen. Der dünne zylindrische Teil dieses Gerätes wird in den Flüssigkeitsstrom hineingebracht

(Abb. 163). Abb. 164 zeigt ein Anzeigegerät für Temperaturmessung. Es ist möglich, durch einen Umschalter ein einzelnes Anzeigegerät wahlweise auf mehrere Einzelmeßstellen zu schalten.

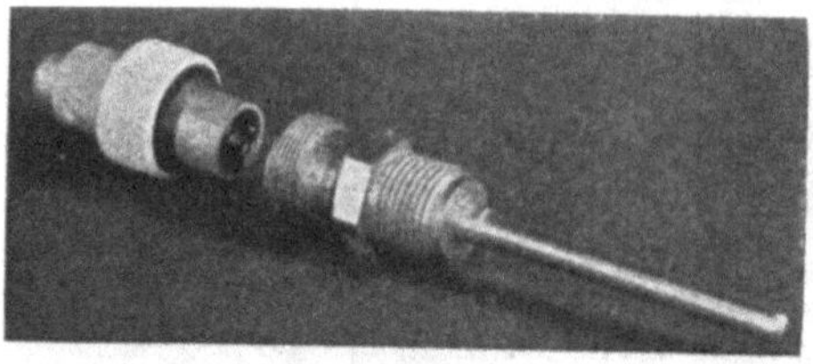

Abb. 162
Widerstandsgeber für Messung von Flüssigkeitstemperaturen

Für die Messung höherer Temperaturen, wie z. B. der Temperaturen an den Zylindern, kann ein Thermoelement als Geber eingesetzt werden (Abb. 165). Werden zwei verschiedene Metalle, z. B. Eisen und Konstantan, miteinander verlötet, so wird bei Erhitzung der Lötstelle in diesem Element eine Spannung erzeugt. Maßgebend ist der Temperaturunterschied zwischen der Lötstelle und den freien Enden der Zuleitung. Die erzeugte Spannung ist unmittelbar proportional

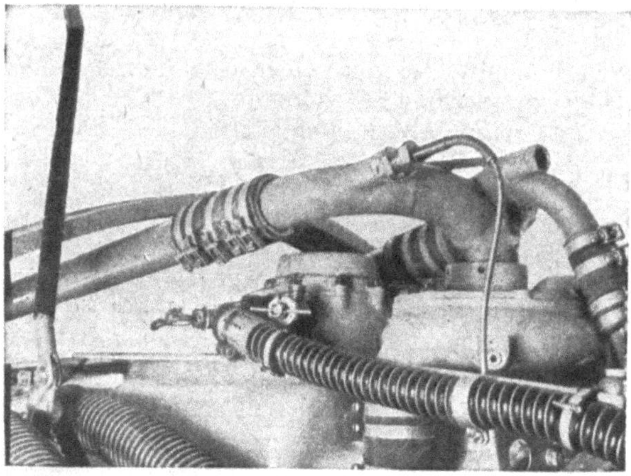

Abb. 163
Temperatur-Widerstandsgeber im Kühlwasserumlauf eingebaut

Abb. 164
Anzeigegerät für Temperaturmessung

Abb. 165
Thermoelement, eingebaut

der Temperatur. Ein Eisenkonstantanelement ergibt z. B. bei 200° C Temperaturunterschied eine Spannung von rund 10 mV. Da der Unterschied zwischen der Lötstelle und den freien Enden der Zuleitung maßgebend ist, muß eine besonders geeichte Leitung, die aus einem Eisen- und einem Konstantandraht besteht (Abb. 166), verwendet werden. Diesem Nachteil steht als Vorteil die Möglichkeit gegenüber, das sehr kleine Thermoelement auch an unzugänglichen Stellen anzubringen. Auch bei diesem Verfahren ist eine Umschaltung mehrerer Meßstellen auf ein Anzeigegerät möglich.

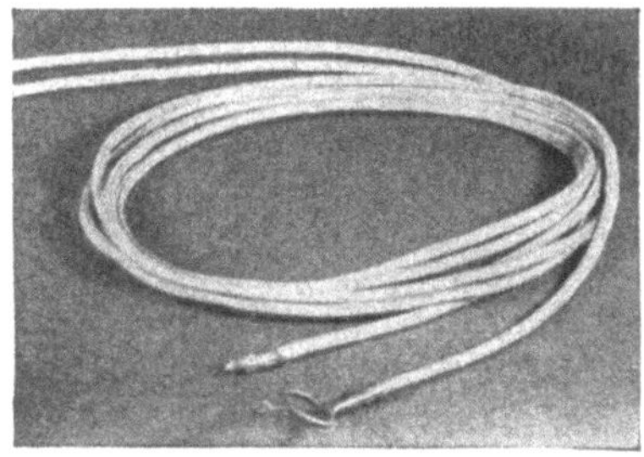

Abb. 166
Geeichte Zuleitung zum Thermoelement

3. Druckmessung

Im Geber wird durch eine Druckdose wiederum der Abgriff an einem Widerstand verändert (Abbildung 167 und 168). Die Widerstandsänderung ist proportional dem Druck. Die Skala des Anzeigegerätes kann unmittelbar in kg/cm² geeicht werden. Der Druckkörper ist so ausgelegt, daß ein mehrfacher Überdruck ohne Schaden für das Gerät ausgehalten wird. Auf diese Weise können Kraftstoff- und Schmierstoffdruck gemessen werden.

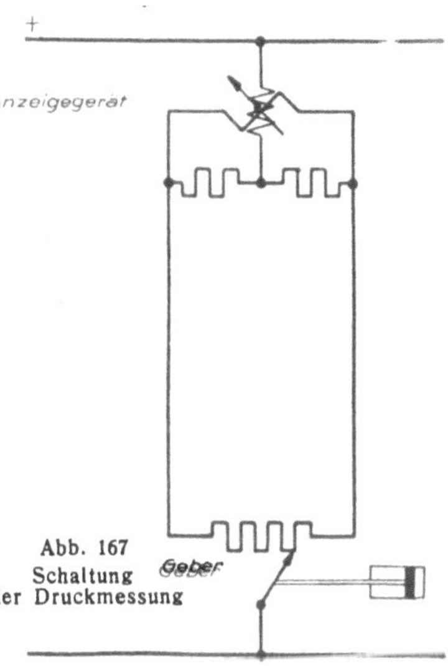

Abb. 167
Schaltung
der Druckmessung

4. Vorratsmessung

Den einfachsten Teil einer Kraftstoffvorratsmessung zeigt Abb. 169. Ein Schwimmer, der mit der Oberfläche des Kraftstoffes sich auf und ab bewegt, bildet hier den Geber, der in schon bekannter Weise über eine Widerstandsveränderung die entsprechende Anzeige bewirkt. Wegen der Funkengefahr wird der Geber von den Kraftstoffräumen

Abb. 168
Geber für Druckmessung

getrennt angeordnet. Ein Schwimmer, der sich mit dem Flüssigkeitsspiegel auf und ab bewegt und sich dabei durch eine spiralförmig angebrachte Führung dreht, besitzt an dem oberen Teil der Welle eine magnetische Kupplung, die durch eine vollkommen dichte Trennwand hindurch den Widerstandsgeber entsprechend dreht. Das Anzeigegerät kann wiederum unmittelbar in Litern geeicht werden. Es ist möglich, nach diesem Verfahren die Inhalte mehrerer Tanks durch einen Umschalter an einem Anzeigegerät abzulesen. Es ist ferner möglich, durch eine besondere Schaltung die Summen einzelner Tankinhalte anzugeben. Dieses Gerät wird teilweise auch mit einer Warneinrichtung versehen, bei der über einen besonderen Schaltkontakt im Geber bei einer bestimmten Restmenge im Tank eine Warnlampe aufleuchtet.

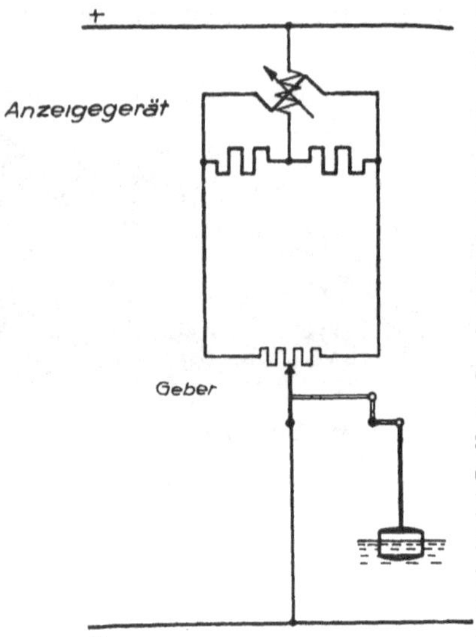

Abb. 169
Schaltung der Kraftstoffvorratsmessung

E. Navigations- und Selbststeueranlage

1. Der elektrische Fernkompaß

Für die Bestimmung der Flugrichtung wird auch im Flugzeug die seit altersher übliche Magnetnadel verwendet. Die Magnetnadel stellt sich unter dem Einfluß des Erdfeldes immer so ein, daß der Nordpol der Nadel zum Nordpol der Erde zeigt (die Abweichungen bleiben hier unberücksichtigt). Das magnetische Erdfeld wird nun durch elektromagnetische Stoffe, insbesondere Eisenteile, verzerrt. Außerdem rufen elektrische Leitungen und Streufelder von permanenten Magneten oder Elektromagneten zusätzliche magnetische Felder hervor. Diese magnetischen Fremdfelder, die im heutigen Flugzeug mit seiner umfangreichen Ausrüstung erhebliche Werte annehmen können, führten zur Entwicklung des Fernkompasses.

Die Magnetnadel wird in einem möglichst störungsfreien Teil des Flugzeuges, z. B. im hinteren Rumpfende, untergebracht. Von hier erfolgt die Übertragung der Anzeige auf ein Anzeigegerät im Führerraum. Die im Grundschaltplan nach Abb. 170 gekennzeichnete Blende dreht sich mit der Magnetnadel. Der Kurszeiger, der die Abweichungen vom eingestellten Kurs anzeigt, bleibt in dieser Brückenanordnung spannungslos, wenn die Blende in der Mitte steht. Abb. 171 zeigt die Ansicht eines Fernkompasses. Das System ist kardanisch aufgehängt. Um Reibungswiderstände auszuschalten, wird die Brückenanordnung über einen elektrolytischen Abgriff (Blende) beeinflußt. Der Kompaßkessel läßt sich über einen Kursgeber (Abb. 172), durch den eine bestimmte Flugrichtung eingestellt wird, und über eine Fernantriebswelle drehen. Weicht jetzt das Flugzeug von dem eingestellten Kurs ab, dann schlägt der Kurszeiger (Abb. 173) nach links oder rechts aus. Abb. 174 zeigt den Stromlaufplan einer ausgeführten Anlage. Die Brückenanordnung wird zur Vermeidung einer elektrolytischen Wirkung mit Wechselstrom betrieben, der über einen Umformer erzeugt wird. Der Kurszeiger, der ein Drehspulsystem besitzt, erhält eine Gleichrichteranordnung. Die leitende Flüssigkeit im Kompaßkessel wird durch eine automatisch wirkende elektrische Heizung oberhalb einer bestimmten Temperatur und damit in gleichmäßiger Zähigkeit gehalten.

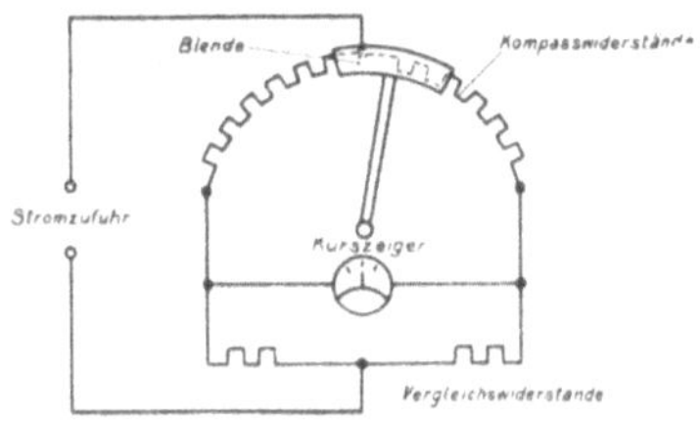

Abb. 170
Grundschaltplan eines Fernkompasses

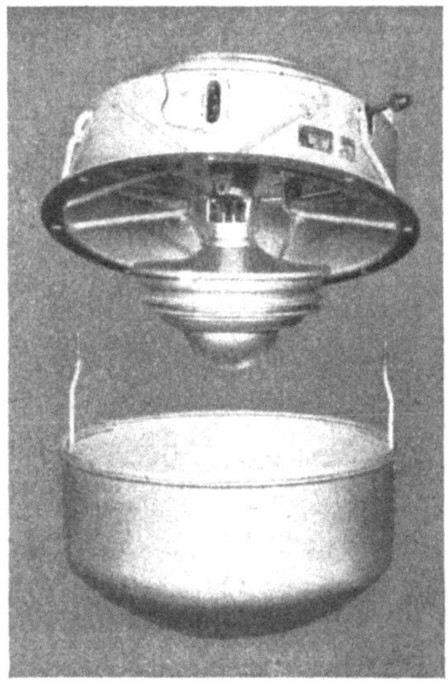
Abb. 171
Fernkompaß

Abb. 172
Kursgeber

Abb. 173
Kurszeiger

Die Kompaßnadel hat die unangenehme Eigenschaft, daß sie um den eigentlichen Ausschlag herumpendelt. Diese Schwierigkeit kann beseitigt werden durch die Zuordnung eines Kreisels zum Fernkompaß. Die Achse des nicht gefesselten Kreisels steht im Raum in der einmal eingestellten Richtung über längere Zeit fest. Dieser

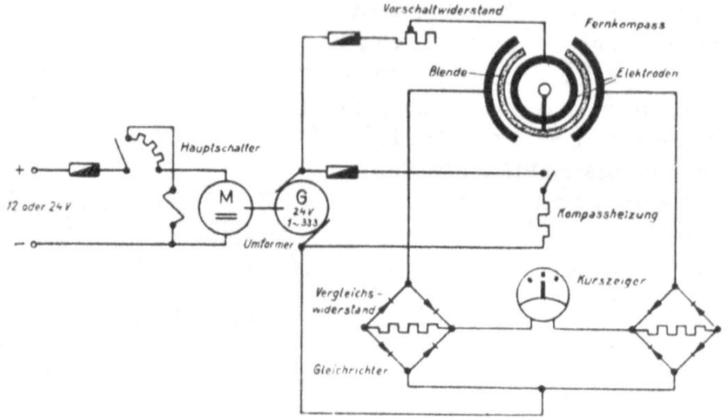

Abb. 174
Stromlaufplan einer Fernkompaßanlage

Kreisel wird nun durch einen Elektromagneten, der die einzelnen Impulse des Fernkompasses enthält, und unter der integrierenden Wirkung der einzelnen Impulse in der eingestellten Richtung entsprechend der Kompaßeinstellung festgehalten. Die Abweichung des Flugzeuges vom eingestellten Kurs wird nunmehr an der Kursrose, ohne daß noch die Pendelungen der Magnetnadel mitgemacht werden, angezeigt.

2. Die elektro-hydraulische Kurssteuerung

Die Kurssteuerung hat als Aufgabe:

1. die Entlastung des Flugzeugführers; lange Schlechtwetterflüge und Flüge in großer Höhe sind anstrengend, so daß größere Flugsicherheit und körperliche Frische längere Zeit erhalten bleiben;
2. den Zielanflug zu ermöglichen zum Abwerfen von Bomben oder zur Bildaufnahme.

Das Flugzeug besitzt drei Achsen, um die eine Bewegung möglich ist (Abb. 175), nämlich:

1. die Hochachse: Drehung des Flugzeuges durch Betätigung des Seitenruders;
2. die Längsachse: Drehung durch Betätigung des Querruders;
3. die Querachse: Drehung durch Betätigung des Höhenruders.

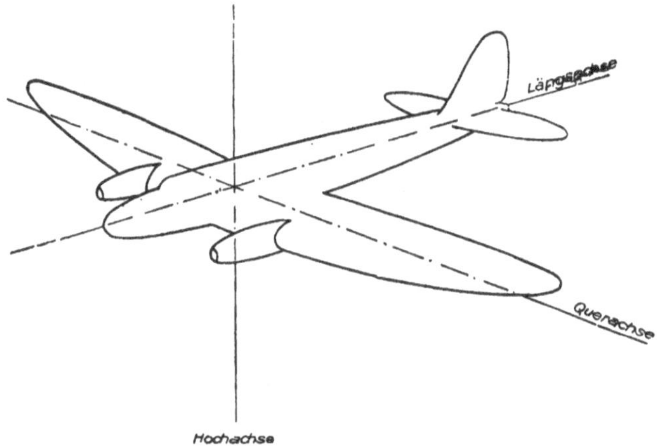

Abb. 175
Hauptachsen des Flugzeuges

Im normalen Fluge werden alle drei Ruder durch Hand- bzw. Fußbetätigung und außerdem die Leistung der Motoren mit Hilfe der Gashebel durch den Flugzeugführer gesteuert. Diese Vorgänge können ganz oder teilweise automatisiert werden. Die einfachste Form ist die Kurssteuerung, d. h. die automatische Betätigung des Seitenruders und damit die automatische Kurshaltung. Eine der auf diesem Gebiet ausgeführten Anlagen sei kurz beschrieben:

Die Rudermaschine (Abb. 176) enthält einen durch Drucköl gesteuerten Arbeitskolben, der an das Steuergestänge des Seitenruders angeschlossen wird und die Steuerung beeinflußt. Das Drucköl wird durch eine Zahnradölpumpe erzeugt. Die Beaufschlagung des Arbeitsvorganges übernimmt ein Steuerventil, durch das ein Überdruck jeweils in die eine oder andere Kammer des Arbeitszylinders geleitet wird. Die Zahnradölpumpe wird angetrieben durch den Motorgenerator, über den gleichzeitig für die Speisung von Kreisel und Fernkompaß ein Drehstrom von der Frequenz 500 Per/sec erzeugt wird.

Der Motor-Generator, der konstruktiv mit der Rudermaschine zu einem Block vereinigt ist, erzeugt den zum Betrieb der Anlage erforderlichen Drehstrom von 36 V und 500 Per/sec. Diese

Stromart bringt für den Aufbau des Kreisels wesentliche Vorteile. Der Kreisel kann als normaler Drehstrommotor gebaut werden, so daß alle bewegten Kontakte (Kollektor und Bürste) fortfallen. Hierdurch ist gleichzeitig geringe Reibung, hohe Umdrehungszahl (bei dieser Frequenz 30 000 U/min) und ge-

1. Gleichstrom-Drehstrom-Umformer
2. Übersetzungsgetriebe
3. Zahnrad-Ölpumpe
4. Abtriebsachse
5. Arbeitszylinder
6. Öleinführungsstutzen
7. Ölstandsanzeiger
8. Steckeranschluß
9. Befestigungswinkel

Abb. 176. Rudermaschine

ringes Gewicht gegeben. Für den Fernkompaß muß Wechselstrom verwendet werden, da an den Elektroden bei Verwendung von Gleichstrom Elektrolyse und damit Veränderungen entstehen würden. Ein Anlaßschalter begrenzt den Anlaßstrom beim Einschalten des Motor-Generators. Durch zwei Kondensatoren wird die Entstörung des Drehstrommotors erzielt. Ein Schauzeichen läßt erkennen, ob die gesamte Anlage betriebsbereit ist. Die Leistungsentnahme beträgt etwa dauernd 300 Watt.

Die über den Fernkompaß in der bereits beschriebenen Weise der Abweichung vom eingestellten Kurs entstehenden Impulse werden über den in der Rudermaschine vorhandenen Drehmagneten (6 in Abb. 177) in mechanische Steuerbewegungen des Seitenruders umgesetzt; die ganze Anordnung ist also eigentlich eine außerordentlich hohe Übersetzung der Kräfte der Magnetnadel. Das erwähnte Steuerventil wird außer von dem Drehmagneten durch die Ausschläge eines Wendezeigerkreisels beeinflußt. Die Ausschläge dieses Kreisels sind proportional der Drehgeschwindigkeit des Flugzeuges um die Hochachse. Hierdurch wird die Drehgeschwindigkeit des Flugzeuges um die Hochachse begrenzt.

Durch eine vom Abtriebshebel betätigte Rückführung wird die Steuerventilstellung und damit der Ruderanschlag schon vor Erreichung der gewünschten Fluglage zurückgeführt, so daß eine Übersteuerung und damit ein Pendeln des Flugzeuges um

1. Luftdose
2. Dämpfungskreisel
3. Federfesselung (Kreisel)
4. Abtriebsachse
5. Differentialgestänge
6. Drehmagnet
7. Federfesselung (Drehmagnet)
8. Steckeranschluß

Abb. 177. Rudermaschine, geöffnet (Drehmagnetseite)

den richtigen Kurs vermieden wird. Bei Versagen der selbsttätigen Steuerung kann der Flugzeugführer das Seitenruder auch gegen die arbeitende Automatik bewegen. Dies wird erreicht durch die Anordnung eines Überdruckventiles. Der Abtriebshebel, der die Verbindung mit dem Steuergestänge herstellt, besitzt eine Notkupplung, durch die der Flugzeugführer Rudermaschine und Steuergestänge jederzeit augenblicklich entkuppeln kann.

FSC
www.fsc.org
MIX
Papier | Fördert gute Waldnutzung
FSC® C083411

Zeitfracht Medien GmbH
Ferdinand-Jühlke-Straße 7
99095 Erfurt, Deutschland
produktsicherheit@kolibri360.de